超级心理学

郭　婷◎主编

美 黑龙江美术出版社

图书在版编目（CIP）数据

超级心理学 / 郭婷主编 . -- 哈尔滨 : 黑龙江美术
出版社 , 2019.4

ISBN 978-7-5593-4515-8

Ⅰ . ①超… Ⅱ . ①郭… Ⅲ . ①心理学—通俗读物
Ⅳ . ① B84-49

中国版本图书馆 CIP 数据核字（2019）第 060683 号

书　　名 / 超级心理学
　　　　　CHAOJI XINLI XUE

主　　编 / 郭　婷
责任编辑 / 李文博
出版发行 / 黑龙江美术出版社
地　　址 / 哈尔滨市道里区安定街 225 号
邮政编码 / 150016
发行电话 /（0451）84270524
网　　址 / www.hljmscbs.com
经　　销 / 全国新华书店
印　　刷 / 永清县晔盛亚胶印有限公司
开　　本 / 880mm×1168mm　　1 / 32
印　　张 / 7
版　　次 / 2019 年 6 月第 1 版
印　　次 / 2019 年 6 月第 1 次印刷
书　　号 / ISBN 978-7-5593-4515-8
定　　价 / 32.80 元

前　言

随着社会的高速发展，心理学越来越被人们重视，且广泛应用于社会各个领域。越来越多的人之所以对心理学变得重视，是因为希望能够在应用中得到启发、警示及指导，通过学以致用让自己成为个人命运的掌控者，最终成就个人的光辉人生。

超级心理学，是集合了当前社会不同领域中运用范围最广，对人们帮助最大，效果最好，被人们普遍认可且备受推崇的心理学。它包括能够让你打造完美社交关系的沟通心理学；帮助你建立积极心态健康面对苦难的态度心理学；改变人生做自己命运设计师的命运心理学；保持本色认知他人的个性心理学；面对挫折积极进取的挫折心理学；识人阅人进退自如的识人心理学；圆滑处世方正做人的处事心理学；确定目标不断追求的成功心理学以及打造完美人格的人格心理学。

一些人出身低微，自身条件不那么好，但他们从低处起步，通过自身的努力成了一个有价值的人。所以，无论你的身世多么不幸，只要你有积极的心态，努力进取，你就能获得成功。起点低没关系，不论何时，都要高悬理想的明灯，树立起坚定的精神支柱。当你受到屈辱时，把它吃进去，狠狠地嚼碎，再把它消化掉，然后化成一股热量，勇敢地向前奔跑！

　　阅读本书的人大部分都是凡人，每天做的都是一些平淡的"小事"。然而，就是在这些小事当中却蕴藏着巨大的机会，只看你如何去把握。真正的平凡，是个人价值的发挥对社会产生了积极的贡献。而与此相反，真正的平庸，不是指你没有能力，而是说你舍弃了能力培养的机会，放弃了自我发展及融入社会的机会。平庸的人，就像水面上漂浮的水沫子，是被水流激打出来的。平庸的人，是到处挖坑，每个坑都挖得不深的人，深深浅浅的坑挖了一大堆，但没有哪一个是出水的，浅尝辄止的结果是没有一技傍身，最终在优胜劣汰的环境中被淘汰出局。

　　这本书旁征博引了古今中外的动人事例和大量的数据对比，资料翔实，知识丰富，具有很强的感染力与说服力。相信这本书会给你启迪，给你智慧，给你信心，给你力量，给你一把成功的钥匙。

目　录

第七章　处世心理学：外圆、内方、主动

第八章　成功心理学：思考、行动、竞争

第九章　人格心理学：自省、挑战、超越

第一章

沟通心理学：能言、善言、会言

开放心理与封闭心理的区别

心理的开放和封闭，与一个人是否能在职场生存、是否富贵、是否成功没有必然联系。但是，相对来说，心态开放者，更见多识广，更能够学习和借鉴有用的知识，更善于与人沟通合作，自然也就会有更多的机会成功。退一步讲，即使心态封闭的人成功了，相信更开放的心理也将会使他如虎添翼。

而且，一个拥有开放心态的人，通常也不会是一个特别固执的人。

心态不开放，便会意识不到形势的变化，只认一个理，只信奉"一元"的价值观，一条道走到黑。其实，"条条大路通罗马"，只要合理，就不拒绝改变，这才是开放者所应有的心态。

担任过微软中国区主席和盛大公司总裁的唐骏，曾撰文谈人生感悟。这位著名的职业经理人就将"父亲盖房子"列为少年时代对自己最有影响的事之一。

他说："在我的整个少年时代，全家的重心和精力都放在盖房子上。因为在城里盖房子几乎是不可能的，于是我爸爸用了数年的时间和无数的心血跑各种关系，打擦边球，终于在江苏常州的城郊买下一块地建成了房子。这件事对我来说，让我知道了事情都是可以变通的，循规蹈矩、墨守成规很难做成事情，一种方法不行，还可以用很多别的方法。"

唐骏曾经讲述过他自己的故事。他大学毕业后非常想出国，但学校的出国名额已经用完。于是，他就给北京每个高校打电话，询问有没有剩余的出国名额。当打听到北广还有出国名额时，他就拿着考研成绩单要求转入北广读研。那里的老师说："你要考虑清楚，尽管我们有名额，但你错过了时间，出国还要由教育部批准。"

唐骏还是没有放弃，打听到教育部主管此事的是李司长，他就在教育部门口站了整整几天。早上见到李司长就说"李司长您早"；中午出来则说"李司长您出来吃饭"；下班的时候便说"您下班了"。等到第6天，他终于等来了惊喜，李司长终于告诉他：你可以出国了。

在社会底线认可的前提之下，没有什么不可以调整，重要的是要能"活"。毕竟是你要适应这个社会，而不是这个社会来适应你。

一个有封闭心理的人，虽然一时半会儿很难彻底改变，但是也可以做到有效地沟通。

有封闭心理的人最怕的就是与人打交道。他们与别人说话时不敢看对方，讲出的话也是异常简短和呆板。从来不参加任何集体活动，连一个说点知心话的朋友也没有。一到有人的场合，就感到别人的目光都在紧紧地注视着自己，以至于紧张得全身发抖，唯一的愿望就是赶紧逃离。

沟通是现代人必备的重要技能，也是每天生活中必须要做的重要工作，可以说，管理者每天有80%的时间是在做沟通的事情。作为有封闭心理的职业人，有必要刻意锻炼一下自己的交际能力。虽然从职业发展的角度来看，性格与职业匹配是最佳选择，但目前，随着社会开放度的日益加大，完全闷头工作的岗位已越来越少，因此适当锻炼一下自己的性格会对自己未来的职业发展有很大帮助。人们常说人在职场，身不由己，所以，无论什么工作，有更好的沟通技巧，工作起来就会更容易。

良好的人际关系并没有一个确切的标准，只要你觉得周围的环境安全可靠，与同事和朋友能友好相处，出现矛盾和问题能友善沟通，便是理想的人际关系环境。

那么，对于一个有着较强封闭心理的人来说，怎么去对待职场的人际关系，做到有效地沟通呢？

首先，不能刻意去追求良好的关系，这样往往会适得其反。在工作之余，既要赴朋友之约，也要主动发出邀请。

其次，不要封闭自己，多参加集体活动，你会发现许多有趣的东西，并逐渐喜欢与人交往，由此改变独处的习惯。

第三，在集体活动中，先听听别人怎么说，不要急于发表自己的意见。同时，要不耻下问，切忌不懂装懂，时间长了，也许你的内向性格就会改变。

第四，要善待他人，多从他人的角度考虑问题，这是理解与被理解的金钥匙，也是形成良好人际关系的重要基础。

开放的心理，是一种主动进攻的强势心理，一种积极沟通与合作的处世原则，更是一种心胸开阔的生活境界，能使弱者变强，强者更强。反之，封闭和保守的心理，则是一种弱势和防守的心理，一种故步自封的被动挨打哲学，使弱者更弱。

寻找共鸣是沟通的艺术

沟通需要技巧，学会沟通的技巧等于是掌握了成功交流的第一步，而寻找共鸣是沟通的切入点。寻找共鸣是沟通的艺术之一，也就是寻找共同点的艺术。人与人之间的沟通，要让每一个与你沟通交流的人都感觉到与你有共同点。一般来说，共同点包括共同的利益、共同的认识、共同的兴趣、共同的心情以及共同的感受等。

这些共同点寻找得越多，双方的沟通越充分，效果也就越好。在一个群体中，要使每个人能够在一个共同目标下协调一致地努力工作，就绝对离不开有效沟通。总体来说，有效沟通的关键是寻找和建立共同点，以便发展一种能够指导重大联合行动的认同感。

一般来说，共同点找得越多，沟通的可行性就越大。各种共同点综合起来，沟通双方在思想、认识、感情、心理上产生的共鸣感、共振感就越强。这种共鸣感在沟通的过程中发挥着极为重要的作用。在共鸣共振的同时，领导者与员工，与沟通对象之间的心理、感情、认识、观念距离越来越近。慢慢地，双方的思维、双方的情绪就会"同步"运动，于是便很容易想到一起，走到一起。认同经由同步而来，沟通关系通常都是从同步开始的。

并且，认同的目的几乎都是达到"同步"，这就形成了一个奇妙的进程：同步→认同→同步。同步是沟通的第一步，同步就是沟通双方彼此经过认同后形成的、有意要达到同样目标时所采取的相互呼应、步调一致的态度，它意味着沟通在经过彼此认同后正走在通向顺利的路上。

2001年6月，北卡罗来纳州首府罗利市著名的BTI表演艺术中心的大礼堂内，2300多个观众的座位上人头攒动，人们正在耐心地等待着本次节目的主角、她们心目中的"访谈皇后"奥普拉的出场。

与一般谈话节目不同的是，"奥普拉脱口秀"邀请的嘉宾并非是某一领域的专家或学者，而是普通大众，谈论的主题也主要集中在个人生活方面。为启发嘉宾"实话实说"，奥普拉常不惜将自己的一些秘密也告诉对方。当嘉宾的故事令人感动时，她会和嘉宾一起抱头痛哭。与其他节目相比，"奥普拉脱口秀"更直接、坦诚，也更具个性化，因此深受那些白天在家无所事事、知识层次不是很高的中年人，尤其是中年女性的极力欢迎，而这些人正是收看电视节目的主流人群。

奥普拉通过这种与观众共鸣的方式进行自己的访谈类节目，从而达到了空前的成功。寻找共鸣是沟通的切入点，奥普拉找到了她要采访的人物与自己的共鸣之处，然后运用交流秘密的方式引发这些人的坦白，也满足了观众对名人生活的好奇心。仅仅是一个沟通的共鸣技巧，就让奥普拉的"脱口秀"节目创造出了品牌价值。

寻找共鸣的艺术要注意以下四点：一是沟通者要真诚，沟通的双方要相互尊重、相互理解、相互认同；二是沟通双方要敏感，找准兴奋点、关注点，否则无论怎样沟通，都很难共鸣得起来；三是沟通要围绕具体的事、具体的观点、具体的人进行，泛泛沟通是共鸣不起来的；四是明白沟通不是瞬间能够完成的，要不停地"听"，不停地"说"，不停地"接受影响"，不停地"施加影响"，不停地鼓励对方，不停地强化沟通效果。所谓共鸣共振，它一定是由一连串的沟通行为引起的。

找到共鸣的捷径，就是谈论他关心的话题。在与别人会谈之前，最好可以准备别人关心的话题的资料，一方面可以扩充自己的知识面，同时也容易找到共鸣。

在纽约有一家杜佛诺面包公司，老板杜佛诺先生想方设法把公司的面包卖给纽约一家旅馆。4 年以来，他每星期去拜访一次这家旅馆的经理，参加这位经理所举行的交际活动，甚至在这家旅馆中开了房间住在那里，以便开展自己的生意，可他还是失败了。

后来杜佛诺先生说："在研究人际关系之后，我决定改变自己的做法。我先要找出这个人最感兴趣的是什么，弄清什么事情能引起他的热心。

"我后来知道，他是一名美国旅馆招待员协会的会员，并且他也热心于成为该会的会长，甚至他还想成为一名国际招待员协会的会长。无论在哪里举行大会，他飞过山岭，越过沙漠大海也都是要到会的。

"因此我在第二天见他时，就开始谈论一些关于招待员协会的事。我得到的是一种多么好的反应——他对我讲了半小时关于招待员协会的事，他的声调充满热情地震动着。我可以明白地看出，这确实是一些他非常感兴趣的业余爱好。在我要离开他的办公室之前，他劝我也加入该会。

"我在这次谈话中，根本没有提到任何有关面包的事情。但在几天之后，他旅馆中的一位负责人给我打来电话，要我带着货样及价目单去。

"'我不知道你对那位老先生做了些什么，'这位负责人招呼我说，'但他真的被你搔着痒处了！'

"试想一下，我对这人紧追了四年，尽力想得到他的买卖，我若不花心思去找他所感兴趣的东西，恐怕还得紧追不舍。"

可见，不考虑对方，只单方面谈论自己的事，不但无法打动对方，反会令彼此显得疏远。因为从感情与理性两方面来说，强迫性的做法会使对方在感情上产生不悦，而脱离要点会使对方在理性上无法理解。所以，在与人交谈中，要寻找共鸣作为沟通的切入点。就一般规律而言，寻找的共同点越多，得到的共鸣感也就越强；得到的共鸣感越强，则双方的认同感也就越强。

沟通的过程是一个由外到内不断深化、不断强化的过程。先是寻求共同点，这是浅层次的沟通，外在的沟通是一般的沟通；然后是造成共鸣感，这是深层次的沟通，是内在双向的沟通；最后是实质性的沟通，即追求并强化认同感的沟通。

由于人与人之间是平等的、互动的关系，是谁也离不开谁的，所以，强化认同感的艺术一般是我们先主动地去认同对方，然后慢慢赢得对方对自己的认同。这种相互的认同会自动形成强化机制，先是认同某一个观点、某一个兴趣、某一个做法，慢慢地就会放大认同的范围，加大认同的强度。

我们都想成功地与别人沟通，而这个秘诀就是寻找共鸣。和对方产生了共鸣，就会很容易地进入到融洽的谈话气氛中，就能迅速拉近彼此之间的距离，使对方很快把你认同为知己和朋友，这样进行下一步的谈话就顺理成章了，继而你沟通的目的就能轻松实现。所以，我们在与他人沟通时一定要努力寻找能让对方产生共鸣的话题，进而成功交流。

现代人要想成功做人，必须要掌握沟通心理学。寻找共鸣是沟通的切入点，由这个切入点开始进入沟通的过程，在沟通过程中把握交流技巧，创造沟通条件，就能让自己成为沟通交流的高手。

给别人戴"高帽子"的好处

恭维、奉承的话，很多人都爱听，在"高帽子"面前，许多事情都变得容易了。推销被人们认为是一个既辛苦难度又大的行业，但如果能恰到好处地发挥"高帽子"的作用，可能会轻而易举地得到利益。

许多推销高手，都明白给别人戴"高帽子"的好处，也已经把这一方法运用到了推销的过程之中。每个人都希望自己的能力以及各方面才华都得到别人的认可和称赞，而推销者只要抓住人们的这种心理，及时满足对方的需求，把"高帽子"戴到对方头上，当对方的虚荣心得到满足时，也就不会拒绝你了。

那么，"高帽子"究竟该如何戴，怎么戴才能比较适宜且效果较佳呢？可以考虑以下几种方法：

1. 把握给人戴"高帽"的机会

冯小民是一家杂志社的编辑，他能轻松地让那些知名的大作家为他写文章。不管那些人如何繁忙，面对他的请求都无法拒绝。据他所说，每当他去拜见一位作家时，开场白都会说这样几句话：

"您好！我知道您现在很忙，可正因如此，我才来请您写文章，那些过于空闲的作家，写出来的作品根本不入流，与您的作

品不能同日而语。所以，我特地前来拜访您，请您无论如何都要帮这个忙。"无论哪个作家，听到这样的开场白，可能都无法拒绝他的请求。因为还没等到拒绝的话说出口，他手中的"高帽子"已经戴到了自己的头上，再拒绝别人则会显得有些失礼，让别人觉得自己很小气。

一般来说，当对方不想帮忙时，拒绝的理由都会非常充分，要想使别人转变看法，使其接受你的请求是十分困难的。但若把握住说话的主动权，先给对方戴顶"高帽子"，不让对方有机会说出拒绝的话，如此一来谈话就很容易成功。

2. 用类比式戴"高帽子"

有人喜欢用类比的赞美方式给别人戴"高帽子"，这在推销过程中，也是一种好方法。

一位推销员在推销录音机扩音器时，对一录音机生产商说："我工作时，常用贵公司制造的收音机。那台收音机的质量很好，特别耐用，到目前为止，我已经用了10年，在这10年之中，它从没发生过故障，不愧是贵公司的产品，值得消费者信赖。在这期间，我曾买过好几次别的产品，但是没用多久，不是发生故障就是收听效果欠佳，可钱却没少花，感觉很不值。相比之下，还是贵公司的产品经济耐用，价格合理，质量却是一流的。虽然说是10年前的产品，与现在的新产品比起来竟也毫不逊色。真是令人佩服啊！"

录音机生产商听后，高兴地说："是的，本公司的生产准则就是质量第一，服务第二。生产过程中，我们引进了德国先进的制造技术，采用世界上最好的原材料，所以我们对产品质量有百分之百的信心。当今的市场上，能保障产品质量的企业已经不多了，看来你是也很有眼光啊！其实我对你们公司的产品也有所了解，无论是从技术上讲还是从选料上而言都是不错的。不如这样，我们先少进一些你们公司的产品，如果质量信得过，我们将成为永久的合作伙伴。"

就这样，一桩生意谈成了。其成功原因就是：该推销员给对方戴了一顶"高帽子"，由此可见，给对方戴"高帽子"时，也要讲究方式、方法。

3. 多使用钦佩性语言

钦佩性语言容易使人产生优越感，也更能满足人们的虚荣心，这对推销大有帮助。

伊斯曼是感光胶卷的发明者，是世界最有名望的商人之一。为了纪念他的母亲，伊斯曼特地为母亲建了一座戏院。当时，纽约高级座椅公司总裁亚当森认为，戏院肯定需要大量的座椅，如果能争取到伊斯曼这个大客户，公司就能获得一笔丰厚的利润。于是，他拨通了伊斯曼的电话，表示想登门拜访。在电话中，伊斯曼明确地表示，亚当森只有 5 分钟的交谈时间，如果交谈超过了 5 分钟，这笔交易就将以失败告终。

为了促成这笔交易，亚当森想了很多办法。他知道伊斯曼是个说到做到的人，必须想出一个万全之策，才能赢得这个大客户。

亚当森在约定时间到达伊斯曼的办公室。当时，伊斯曼正在埋头处理一堆文件。伊斯曼缓缓地抬起头来，说："早上好！先生，有事吗?"

　　秘书为二人引荐后，伊斯曼客气地请亚当森入座。但亚当森并没有落座，他仔细打量着伊斯曼的办公室，说："伊斯曼先生，我在门外等候时，就一直在想象您办公室的样子，现在终于亲眼见到了，真的是令我非常钦佩。我很欣赏您办公室物品的摆放与设计，如果我也能拥有一间这样的办公室，那么即使工作再辛苦也是值得的啊！您知道，我的工作就是负责房子内部的木建工程，在此之前我还没有见过如此这般漂亮的办公室，实在是令人羡慕不已。"

　　伊斯曼说："这间办公室在修建时，我也非常满意，可是由于工作繁忙，我差点忘记了自己还有这么一间漂亮的办公室，非常感谢你的提醒！现在想想，我好像有很长一段时间没有仔细打量这间办公室了。这样说来，真是一种浪费。"

　　亚当森走过去，用手抚摸着一块镶板，那种神情似乎在触摸一件艺术品一样，把钦佩之情表现得淋漓尽致并且恰如其分。他接着说：　"这是用英国的栎木做的，对吗？选料真好，非比寻常！"

　　伊斯曼耐心地答道："先生真有眼光，这的确是从英国进口的栎木，是一位专业木工亲自为我挑选的。"

　　接着，伊斯曼便亲自带亚当森参观了房间的各个角落，并耐心地给他讲述每件装饰品的来历和每种材料的出处。不知不觉中，他们的谈话已经进行了两个小时。结果，显而易见，亚当森轻而易举地谈成了这笔座椅生意。

　　4."高帽子"戴得要恰如其分

　　恭维的话人人爱听。恭维别人的话，如果说得恰到好处，恰得其人，对方会非常高兴，对说话者产生好感。

越是傲慢的人，越爱听恭维的话，越喜欢被人恭维。然而，在有的时候，一些人说自己不愿接受恭维，愿意接受批评，但这只是他的门面话，倘若信以为真，毫不客气地直接加以批评，那么对方心里一定很不高兴，表面上也许不会表现出来，但内心却是十分不悦的，说话者在听话者心目中的印象，也会大打折扣。

说恭维话，是为人处世的一门重要哲学。擅长说恭维话的人，说出的话既能让别人听了感到舒服，又不会降低自己的身份。

现实生活当中，每一个人的心中都怀有希望。年轻人寄希望于自身，老年人寄希望于子孙身上。年轻人都希望自己会前途无量，如果能举出几点，证明他的将来会大有成就，听者肯定会非常高兴，把说话者当成知己。如果说话者，称赞对方的父母如何了不起，他未必会高兴，因为对方至多是在说自己是将门之子，而只有把他与他的父母一齐称赞，才能让他感到满意。

然而老年人则不然。经历了几十年的风风雨雨、奔波劳碌，到老仍未曾达到预期目标，对于自己，已不再抱有希望，而此时，他们会将希望寄托在子孙身上，如果说他的儿子知识渊博、能力过人，是稀有之才，他一定会非常高兴。即使当面扬子抑父，他也不会责怪你，反而十分高兴，嘴上还会说："你说得好""未必，未必""过奖了"。其实，他的心里，却认为说话者是慧眼识英雄啊！因此，说恭维话时，尤其要注意对方的年龄。

然而，对于一个商人，如果恭维他有学问、道德好、清廉自守、乐道安贫，他会无动于衷。但如果恭维他才能出众、头脑灵活，现在红光满面，发财就在眼前，对方听了一定会非常高兴。

对于一个官吏，假如说他生财有道、财运亨通，对方听了肯定会不高兴的，此时就应该称赞他为国为民、清正廉洁、劳苦功高，这样才能使他听着感到舒服。

对于一个文人，如果说他学问渊博、笔下生花、思维卓越、宁静淡泊，那么他听后也是非常高兴的。

根据对方的职业，说出适当的恭维话，这一点非常关键。有一个笑话，某甲是个马屁精，连阎王都有耳闻他的大名，死后见到阎王，阎王拍案大怒："你为什么专门拍马屁？我最恨这种人了！"马屁鬼连忙叩头回道："因为世人都爱拍马屁，我也是不得已而为之，大王公正廉明、明察秋毫，谁敢说出半句恭维的话。"阎王听了，连说："是啊是啊，谅你也不敢！"其实阎王也爱听恭维话。只不过马屁鬼说恭维话的方式，与普通人不同罢了。

世人都喜欢被恭维，只要恭维的话恰如其分，深浅有度，不流于谄媚低俗，又不损人格，一定能获得对方的重视。

被抬高的感觉，能让人心旷神怡，很多人都希望自己的观点被认同。所以，在推销过程中，只要抓住顾客的这一心理，适时地把"高帽子"恰当地戴到对方头上，岂有不成功之理？

换位思考将心比心

有人说，成功者与普通人最主要的区别之一，就是成功者认识的人比普通人多得多。而成功者之所以如此有人气，主要源于他们身上的那种"磁性"，这种"磁性"会产生强大的吸引力，这就是所谓的魅力，有谁不愿意与这样的人交往呢？

尤其是与生人交往，你举手投足间表现出来的气质、状态，往往决定了对方与你交往的态度。哪怕是一些微妙的心理变化，也会影响对方对你的评价。

生活中我们常会说到一句话叫"将心比心"，就是设身处地将自己摆在对方的位置，用对方的视角去看待世界。这对我们每个人都是很有用的。如果每个人都能抱着这种心态去处理问题，现实中将会少去许多纷争，多了许多美好，也会使我们的人际相处更和谐。

沟通艺术的秘诀是我们必须要会换位思考，必须站在对方的角度，站在他人的角度进行沟通。试着去适应别人的思维架构，并体会他的看法。换言之，就是要做到不只是"替他着想"，更要能够想象他的思路，体会认知他的世界，感受他的感觉。

在社交场合，我们如果换一个看问题的角度，即从对方的立场看问题，就会产生一种奇妙的效果，给对方一种尊重感、归宿感，使对方缩短与你的心理距离，达到一种心理沟通。

大象波佐是伦敦一家马戏团的台柱子，一向性情温顺，可是近期却一反常态，变得烦躁起来，更糟的是它竟然袭击了饲养员。贪婪的团主决定对它进行公开处决，以此在波佐身上再捞一笔。

公开处决的那天，马戏团人山人海，好像所有的人都想看看这庞然大物如何丧命枪下。然而，就在处决时间要到的时刻，一位身材矮小的中年男子走上舞台，对团主说，你们大可不必处死它，这样，让我走近去跟它说几句话。团主将信将疑，考虑再三后决定让男子写下后果自负的保证，随后答应了。

男子在众多目光的注视下从容地走近波佐。大象见陌生人走近，马上摆动鼻子以示警告。男子也不慌张，开始说话。所有的人都静静地听着，然而即使是离舞台最近的人也听不懂男子的呢喃，只知道他在说一种外语。再看波佐，先前的警惕已经不在，此刻变得温顺而可怜，像个受了委屈的孩子。台下开始有人鼓掌，接着雷鸣般的掌声在人群中爆发了，欢呼声响彻舞台上空。

团主又惊又喜，细问男子缘由。男子笑着说："这是一只印度象，习惯听印地语，你们说的话它听不懂，当然会变得烦躁不安。"故事结束了，它告诉我们，人们总是用自己的语言对别人说话，完全不管对方能否理解、接受。要想让沟通更有效，在沟通时，我们应该更多地站在对方的角度，用对方熟悉的语言来跟他说话。

沟通是一门艺术。在沟通的过程中，适当地运用换位思考，可以使沟通更有说服力，更容易达到沟通的目的。

我们在进行沟通的时候，往往只注重充分表达自我，而忽视了解对方的真意。比如在销售的时候，不论对方是谁，也不管对方的接受能力如何，通常长篇大论介绍卖点，只注意充分表达自我，而忽视了解对方的真意。而事实上，只有在充分了解对方真意的前提下，才能够充分地表达自我。

通常来说，这个世界是成人的、理性的、冷静的、逻辑的、自我的，不符合这类标准就会受到冷落、打击及制止，所以说，换位思考在人际沟通上是非常重要的。因为不了解对方的立场、感受及想法，我们就无法正确地思考与回应。

一位女士，她的女儿从剑桥毕业回国之后，在香港一家金融机构任职，每月有数万港元的薪水。这位女士非常自豪，她面对亲朋好友时，言必称女儿的风光，语必道女儿的薪水。慢慢地她发现亲朋好友都在疏远她，不愿和她交往、聊天。女儿知道这种情况后，就极力劝导母亲，说总夸自己的女儿，突出自家好，人家会有什么感受，人家当然不会理你了。女儿的话在情在理。可见在叙述自我的时候，一定要防止大谈自己的得意之事，过分地突出自己，切勿使其他人心理失衡，产生不快，以至影响了相互之间的关系。

当然，换位思考不是带着你的脑子换到对方的位置上，它实际是指设身处地。换位思考只是一种人际交流和沟通中的一种重要技能，要想成为一个解决问题的高手，换位思考只是个基础。知识可以学，能力可以培养，而沟通中的换位思考的境界是修炼出来的。换位思考需要一种智慧，一种为他人着想的智慧。

英格丽·褒曼在获得了两届奥斯卡最佳的女主角奖后，又因在《东方快车谋杀案》中的精湛演技获得了最佳女配角奖。然而，在领奖的时候，她不停地赞扬与她角逐最佳女配角奖的弗沦汀娜·克蒂斯，认为真正获奖的应该是这位落选者，并由衷地说："原谅我，弗沦汀娜，我事先并没有打算获奖。"褒曼作为获奖者，没有大谈特谈自己的成就与辉煌，而是对自己的竞争对手推崇备至，极力维护了落选对手的面子。相信无论谁是这位对手，都会非常感激褒曼，都会把她当作知心的朋友。一个人在他获得荣誉的时候，能如此善待竞争对手，如此和竞争者贴心，实在是一种文明典雅的风度。

在人际交往中，每个人都希望对方重视自己的感受，由此及彼，我们不妨在交谈中多从对方的角度出发，为对方多考虑一下。换位思考能让自己了解对方更多，这样对方就会觉得自己受到了重视，社交活动就会变得轻松愉快。

撰写过多本世界畅销书的卡耐基，曾遇到过这么一件事情。一次，卡耐基租用某家大礼堂来讲课，对方提出要增加3倍租金。卡耐基与这家经理交涉说："我接到通知，感到有点惊讶，不过这不怪你。因为你是经理，你的责任是尽可能盈利。"紧接着，他为经理算了一笔账，"将礼堂用以举办舞会或者晚会，当然会获大利，但你撵走了我，也就等于撵走了成千上万有文化的中层管理人员，而他们光顾贵处，是你花钱也买不来的活广告。那么哪样更有利呢？"经理便被他说服了。

卡耐基之所以会成功，就在于他分析利弊的时候是站在经理的角度，使经理把心理天平的砝码加到了卡耐基这一边。汽车大王福特也说过这样一句话：假如有什么成功秘密的话，就是设身处地为别人着想，了解别人的态度和观点。

　　站在他人的立场分析问题，能给人一种为他着想的感觉，而换位思考也是最多地了解对方的方法。换位思考的沟通方式是沟通心理学非常重要的内容之一，作为现代的社会人，如果掌握了这种换位思考的沟通交流方式，等于掌握了成功的砝码。

第二章

态度心理学：积极、乐观、真诚

如何获取人生试卷的高分

我们每个人从一出生就注定了要填写这份人生的试卷。那么你给自己打几分呢？命运是出考题的人，对我们每一个考生都是同样的试题，我们在面对这份看似简单实则深奥无穷的试卷时，要如何作答呢？

相信所有的人都想给自己打上满分，因为我们太希望自己的人生是圆满的。但是，为什么我们在实际操作的时候却得不到满分呢？

根本原因在于，我们每个人对人生的态度不同，你的心理态度决定了你的人生试卷的成绩。有的人在命运面前积极投入，认真填写自己的人生答案，因此，他的人生试题总是满分；有的人不思进取，总想投机取巧，总想不劳而获，结果，他的人生试卷上的每一道题都没有准确的答案；有的人悲观厌世，每当命运中出现挫折时，总是消极面对，导致他的人生答卷永远是灰色或黑色的。

那么，你是怎样的人生态度，你是如何答复你的人生试卷的呢？

每个人人生试卷的答案不可能是相同的，但是成功人的试卷上面永远体现的是乐观与阳光。

一个绰号叫"斯帕奇"的小男孩可以说是命运的倒霉蛋，他在学校里的日子永远令他难以忍受。读小学时各门功课常常亮红灯，到了中学，他的物理成绩通常都是零分，他成了所在学校有史以来物理成绩最糟糕的学生。

斯帕奇在拉丁语、代数以及英语等科目上的表现同样惨不忍睹，体育也不见得好多少。虽然他参加了学校的高尔夫球队，但在赛季唯一一次重要比赛中，他输得干净利落。

在自己的整个成长时期，斯帕奇笨嘴拙舌，社交场合从来就不见他的人影。这并不是说别人都讨厌他，事实是，在人家眼里，他这个人根本就不存在。如果有哪位同学在学校外主动向他问候一声，他会受宠若惊并感动不已。

他跟女孩子约会时会是怎样的情形，大概只有天晓得。因为斯帕奇从来没有邀请过哪个女孩子一起出去玩过，他太害羞了，生怕被人拒绝。

斯帕奇真是个无可救药的失败者。每个认识他的人都知道这一点，他本人也清清楚楚，然而他对自己的表现似乎并不十分在乎。从小到大，他只在乎一件事情——画画。

他深信自己拥有不凡的画画才能，并为自己的作品深感自豪。但是，除了他本人以外，他的那些涂鸦之作从来没有被其他人看上眼过。上中学时，他向毕业年刊的编辑提交了几幅漫画，但最终一幅也没被采纳。

到了中学毕业那年，斯帕奇向当时的沃尔特·迪斯尼公司寄出自己的漫画。然而，结果却如同石沉大海，最终迪斯尼公司没有录用他，失败者再一次遭遇了失败。

生活对斯帕奇来说，似乎只有黑夜。走投无路之际，他尝试着用画笔来描绘自己平淡无奇的人生经历：灰暗的童年、不争气的青少年时光、一个屡遭退稿的所谓艺术家、一个没人注意的失败者。

然而，连他自己都没想到，他所塑造的漫画角色一炮走红，连环漫画《花生》很快就风靡全世界。从他的画笔下走出了一个名叫查理·布朗的小男孩，这也是一名失败者：他的风筝从来就没有飞起来过，他也从来没踢好过一场足球，他的朋友一向叫他"木头脑袋"。

熟悉小男孩斯帕奇的人都知道，这正是漫画作者本人——日后成为大名鼎鼎漫画家的查尔斯·舒尔茨——早年平庸生活的真实写照。

有位哲人说过，成功者的成功经历，都是源于对自己缺陷的克服。贫寒的出身促使人努力奋斗，自卑感促使人积极发现自己的长处。只要有一颗积极向上的心，任何一种阻碍都可以化作成功的动力。

斯帕奇前半生的人生答卷可以说是一塌糊涂，但因为他有着坚定的自信心，相信自己非凡的绘画天才，不但没有放弃自己的人生试题，反而以更加倍的努力和乐观的心态面对一次次的人生试题，最终答出了与众不同的人生答案。斯帕奇用手中的画笔谱写着自己的快乐乐章，用心中无限幻想的阳光照亮了自己的人生道路。

在美国艾奥瓦州的一座山丘上，有一间不含任何合成材料、完全用天然材料搭建而成的房子。里面的人需要依靠人工灌注的氧气生存，并只能以传真与外界联络。

住在这间房子里的主人叫辛蒂。1985 年，辛蒂还在医科大学念书，有一次，她用杀虫剂灭蚜虫时，她突然感觉到一阵痉挛，原以为那只是暂时性的症状，谁料到自己的后半生就从此变为一场噩梦。

这种杀虫剂内所含的某种化学物质使辛蒂的免疫系统遭到了破坏，使她对香水、洗发水以及日常生活中接触的一切化学物质一律过敏，连空气也可能使她的支气管发炎。

这种"多重化学物质过敏症"是一种奇怪的慢性病，到目前为止仍无药可医。

患病的前几年，辛蒂一直流口水，尿液变成绿色，有毒的汗水刺激背部形成了一块块疤痕。她甚至不能睡在经过防火处理的床垫上，否则就会引发心悸和四肢抽搐——辛蒂所承受的痛苦是令人难以想象的。

1989 年，她的丈夫吉姆用钢和玻璃为她盖了一所无毒房间，一个足以逃避所有威胁的"世外桃源"。辛蒂所有吃的、喝的都得经过选择与处理，她平时只能喝蒸馏水，食物中不能含有任何人工合成化学成分。

多年来，辛蒂没有见到过一棵花草，听不见一声悠扬的歌声，感觉不到阳光、流水和风的快慰。她躲在没有任何饰物的小屋里，饱尝孤独之苦。更可怕的是，无论怎样难受，她都不能哭泣，因为她的眼泪跟汗液一样也是有毒的物质。

坚强的辛蒂并没有在痛苦中自暴自弃，她一直在为自己，同时更为所有化学污染物的牺牲者争取权益。辛蒂生病后的第二年就创立了"环境接触研究网",以便为那些致力于此类病症研究的人士提供一个窗口。

1994 年,辛蒂又与另一组织合作,创建了"化学物质伤害资讯网",保护人们免受威胁。

在最初患病的一段时间里,辛蒂每天都沉浸在痛苦之中,想哭却不敢哭。

随着时间的推移,她渐渐改变了对生活的态度,她说:"在这寂静的世界里,我感到很充实。因为我不能流泪,所以我选择了微笑。"

当灾难降临时,人可以努力回避;如果回避不了,可以抗争;如果抗争不了,就得承受;要是承受不了,就哭泣流泪;如果连流泪也不行,可能就只能绝望和放弃。

可是,辛蒂不同,当她无法流泪时,她选择了微笑。生活并非是我们想象的那样已由上天安排定局,如果你有心,一切都可以改变。每个人都应该乐观,才会过得很快乐。

我们每个人从诞生的那一刻就开始经历各种各样的人生试卷,开始回答各种各样的人生问题。

很多人在过去的人生中答出了或者正确或者不正确的答案,无论你答了多少分,都还有机会,因为我们的人生还远没有结束。

我们还有后面的人生试题需要解答,关键是我们以后要以怎样的心态来面对。如果还是用以前的心理态度,那以后的答复仍然同以往一样,甚至还不如从前。

如果就在现在,就在当下,尽快扭转自己的心理态度,转变我们的人生观，用乐观的心态面对我们将要面对的一切，用积极的精神元素直面我们的人生，用灿烂的心灵之灯照亮我们的整个人生，运用态度心理学指导我们的人生之旅，相信你一定能答出满分的人生试卷。

向快乐出发用开心驱赶烦恼

快乐的人生是每个人都想要的，但如果我们总是遭遇烦恼，那该如何面对呢？运用态度心理学，可以让快乐的翅膀带你飞行天下，让开心的阳光驱赶烦恼的黑暗，在快乐与阳光的心态下将烦恼全部甩掉。

威廉·史坦哈已经结婚 18 年了，在这漫长的岁月里，每天从早上起来到晚上睡觉，他很少对自己的太太微笑，甚至连说几句开心的话也没有过。同样，太太也很少对他微笑，也不和他说多余的话。

史坦哈觉得，自己是百老汇最郁闷的人。

后来，史坦哈参加了一个继续教育的培训班。结业的时候，老师给每个学员布置了一份作业，老师要求史坦哈以"微笑的经验"为题发表一段演讲。他决定先亲自体验一个星期。

然后，史坦哈在要去上班的时候，就对太太微笑着说："再见，祝你今天过得快乐！"路上，他对地铁检票小姐微笑着说："谢谢！"到了上班地点，他对大楼的电梯管理员微笑着说："早安，玛瑞拉小姐。"他还试着以微笑的面孔跟大楼门口的警卫打招呼。当他站在交易所时，他对那些以前从没见过自己微笑的人灿然微笑。

史坦哈很快就发现，每一个人也对他报以微笑。他以一种愉悦的态度，以开朗真诚的微笑面对那些满腹牢骚的人，他一面听着别人的抱怨，一面微笑着，于是问题就容易解决了。

史坦哈发现，微笑给自己带来了更多的收入，还带来了更多的快乐。

史坦哈跟另一位经纪人合用一间办公室，对方是个很讨人喜欢的年轻人。史坦哈告诉那位年轻人最近自己在微笑方面的体会和收获，那位年轻人听了点着头承认说："当我最初跟您共用办公室的时候，我认为您是一个非常枯燥乏味的人。直到最近，我才改变看法——当您微笑的时候，您的脸上充满了幽默和活力。"

毫无疑问，威廉·史坦哈的演讲受到了热烈的好评，他衷心地感谢老师，因为他的指点，使他的人生发生了改变。

有些人总觉得自己的生活充满不幸与悲伤，他们很奇怪为什么有些人每天总是快快乐乐的，其实道理很简单，这就在于自己的选择。快乐在于选择，把快乐刻在石头上，让自己插上快乐的翅膀，你就会永远快乐。

快乐是懂得放弃。留下快乐，放弃烦恼，你就能收获另一种释然的快乐。如果想要达成人生的目标，就必须有所舍弃。把与内心无关的、纷乱的杂念和欲望舍弃，眼中只有你想要达成的目标，这样才容易成功。减轻生命的包袱，放弃一些烦恼，放弃一些利益，你便能轻装上阵，就会与快乐结缘。

飞机正在白云之上翱翔。机舱内，空姐微笑着给乘客送食品。中年人细细地品尝美食，而邻座的年轻人却愁眉苦脸地望着窗外的天空。

中年人颇为好奇，热情地问："小伙子，怎么不吃点？这伙食标准不低，味道也不错。"年轻人慢慢地扭过头，不无尴尬地说："谢谢，您慢用，我没胃口。"

中年人仍热情地搭讪："年纪轻轻的怎么会没胃口？是不是遇到什么不开心的事啦？"

面对中年人热心的询问，年轻人有些无奈："遇到点麻烦事，心情不太好，但愿不会破坏了您的好胃口。"

中年人非但不生气，反倒更热心了："如果不介意，说来听听，兴许我还能给你排忧解难。"年轻人看了看表，还有一个多小时才能到目的地，那就聊聊吧。

年轻人说："昨夜接到女朋友电话，说有急事要和我谈谈。问她有什么事，女朋友说见了面再说。"

中年人听后笑了："这有什么犯愁的呀？见了面不就全清楚了吗？"

年轻人说："可她从来没这么和我说过话。要么是出了什么大事，要么就是有什么变故，也许是想和我分手，电话里不便谈。"

中年人笑出声："你小小年纪，想法可不少。也许没那么复杂，是你想得太多。"

年轻人叹道："我昨天整个晚上都没合眼，总有一种不祥的预感。唉，你是没身临其境，哪能体会我此刻的心情。你要是遇到麻烦，就不会这样开心了。"

中年人依然在笑："你怎么知道我没遇到麻烦事？也许你的

判断不够准确。"说着，中年人拿出一份合同，"我是去广州打官司的，我们公司遇到了前所未有的大麻烦，还不知能不能胜诉。"年轻人疑惑地问："您好像一点也不着急。"

中年人回答："说一点不急是假，可急又有什么用呢？到了之后再说，谁也不知道对方会耍什么花样。可能我们会赢，也可能一败涂地。"

年轻人不禁有点佩服起眼前这位儒雅的绅士来。一晃几十分钟过去，到达了目的地，中年人临别时给了年轻人一张名片，表示有时间可以联系。

几天后，年轻人按照名片上的号码给中年人去了个电话："谢谢您，张董事长！如您所料，没有任何麻烦。我女朋友只是想见见我，才出此下策。您的官司打得怎么样？"

张董事长笑声爽朗："和你一样，没什么大麻烦。对方已撤诉，我们和平解决。小伙子，我没说错吧，很多事情面对了再说，提前犯愁无济于事。"年轻人由衷地佩服这位乐观豁达的董事长。

有句成语叫"自寻烦恼"。其实，我们人生中的许多烦心和忧愁都是自己给自己绑的绳索，是对自己心力的无端耗费，无异于给自己设置虚拟的精神陷阱。只要好好把握现在，什么事情都可能出现转机。

能掌握情绪的人，就能掌握未来。学着在面对烦恼的时候，不被烦恼所左右，不被其控制，你就有可能转变你的境遇，真正把握好自己的人生。

如果总被烦恼所困，就会总觉得自己是天下最不幸的。如果你现在正处于烦恼之中，来看这一组数字，相信你一定会甩掉烦恼了。如果今天你是健康的而没有生病，那么你比熬不过本周的100万人幸运；如果你从未体会过战争的危险，监禁的孤独，严刑的残酷和饥饿的痛苦，那么你比全世界的5亿人幸福；如果你衣食无忧、居有定所，那么你的生活水平高于世界75%的人；如果你银行中有储蓄，钱包里有钞票，存钱罐里有零钱，那么你是整个世界上8%生活优越的人；如果你的父母健在，家庭和睦，那么你很不寻常；如果你面带微笑，对所有的人都怀有一颗感恩的心，那么你是幸福的，因为多数人能够这么做却没有这么做；如果你能阅读这篇短文，那么你比全球20亿文盲幸运。

快乐其实很简单。要想拥有人生的快乐乐章，就要有快乐的翅膀，要想让人生的阳光照亮自己，就要用乐观的心态将烦恼全部甩掉。

虚荣让你看不清自己

虚荣是人类一种很普遍的心理状态，无论古今中外，无论男女老少，穷者有之，富贵者亦有之。虚荣是一种扭曲了的自尊心，是自尊心的过分表现，是一种追求虚表的性格缺陷，是人们为了取得荣誉和引起普遍的注意而表现出来的一种不正常的社会情感。如果虚荣占据了你的整个人生，那你将永远只看到戴着面纱的自己，永远看不到自己的真实面目。

事实上，每个人多多少少都有点爱慕虚荣。男人大多追求自己的名誉、地位、金钱、车子等，女人更多地追求自己的衣着、容貌、老公、房子。尤其是当今社会经济发展突飞猛进，人们的需求已经不仅仅是为了生存。为了更好地生活，每个人都不希望自己在任何方面比别人落后、低人一等。然而，一定限度的在道德与法律之内的虚荣心是可以理解的，可是若过分追求，小则道德沦丧，大则走向罪恶的深渊。

曾经有一篇报道，说有一位女同胞，月收入不过2000～3000元，但为了在别人面前有"面子"，她宁可省吃俭用，攒下大半年的收入去高档专卖店买一个路易·威登的挎包，她可以每天背着这个挎包去挤公交车或走路上下班以省下车钱。

的确，在现实生活中，有的女人为了在别人面前显示高贵，超出自身的承受能力去买高档服装、化妆品、首饰等奢侈品。为了过上表面奢华、虚荣的生活，不惜傍大款、卖身、啃父母，她们失去的是自由、独立和持久的心灵快乐。虚荣成了遮挡她们认识自己的面纱，使其永远不能正视自己的实际条件，而是盲目地爱慕虚荣，最终将会被虚荣所害。

有些人非常希望得到别人的尊重与欣赏，却往往不能如愿以偿，一个重要的原因就是他们陷入了虚荣的误区。虚荣心是一种追求表面上的荣耀、光彩的心理。虚荣心强的人，常常将名利作为支配自己行动的内在动力，总是在乎他人对自己的评价。一旦他人有一点否定自己的意思，便认为自己失去了所谓的自尊而受不了。

一些女人在手指上套十个八个金戒、钻戒，或全副武装，在耳朵、颈脖、手腕、脚踝上挂满金银，这还只是由于审美趣味不高。一些男人那种夸富斗富的劲头则更显得恶俗不堪：你能花三万元请一桌客，我就要花十万元设一次宴；你能在饭桌旁摔几瓶茅台逞能，我就要在酒席旁摔几箱 XO 抖威……夸富斗富，虽然恶俗，但这些人毕竟有其资本。有的人明明囊中羞涩，却偏偏爱攀比富邻。

莫泊桑短篇小说《项链》中的女主人公，便是一个因为虚荣而让自己深陷痛苦当中的女人。女主人公玛蒂尔德仰慕富贵虚荣，为参加上流社会的宴会借用一挂项链，却在风光后丢失。丢失项链后的玛蒂尔德为了偿还高额的债务，辞退了女仆住进阁楼，自己洗衣做饭拖地板，盘算每个铜板攒钱还债，历经十年艰辛还清了债务。但是当她向朋友说明一切的时候，却被告知那条项链是假的，马蒂尔德其实是白白地承受了还债的种种痛苦。

　　尽管人们都懂得，虚荣是表面的荣誉、虚假的名声，但很少有人能够不为虚荣所动，又有多少人能够掀起那层遮掩自己的虚荣面纱呢？在日常生活中，一个羡慕的眼神会使我们神舒心悦，一句大而无当的恭维会使我们眉开眼笑，一句言过其实的赞誉会使我们沾沾自喜，一个毫无实质意义的头衔会使我们引以为荣……

　　某报曾刊出这样一则新闻：一位男士在旅馆里被人杀害，此案很快告破，据凶手交代，那位男士对他说，自己是某公司经理，来某地是为了与人洽谈一笔上千万元的交易，并不时拿出手机与人通话，大谈此行收获如何如何。于是他起了杀机，于深夜将其勒死于房间内。他原以为死者一定携有巨款，不料从他身上翻出了几百元钱，而看了他的工作证，才知道他只是一个街道小厂的推销员。为了一时脸上有光，竟丢掉了性命，靠故弄玄虚以壮门面的人当引以为鉴。

　　态度心理学让我们摒弃虚荣，让我们能看到真实的自我，不再只看到戴着面纱的自己。让我们在自己的人生路上正视自己，踏实地走好我们人生的每一步。

驱赶忌妒，给自己松绑

忌妒从某种意义上来说，是人类的一种普遍的情绪。现代社会是一个崇尚成功的社会，然而，在激烈的竞争当中，有人成功，就必然有人失败，失败之后所产生的由羞愧、愤怒和怨恨等组成的复杂情感就是忌妒。如果我们不赶快让忌妒搬家，就将永远在失败的巢穴驻足。

因为你总是被忌妒他人的心理困扰着，永远看不到自己优势的一面，永远被他人的优势阻碍着自己的发展，所以这样的人注定不会拥有成功。

忌妒是以多种方式表现出来的，是一种容不得与自己有相同目标的人取得成就而产生的非正当的不适感。忌妒是心灵的地狱，爱忌妒的人总是拿别人的优点来折磨自己。

德国有一句谚语："好忌妒的人会因为邻居的身体发福而越发憔悴。"所以，好忌妒的人总是 40 岁的脸上就写满 50 岁的沧桑。

萨列里就是抱着这样的感情最后走向毁灭的。他疯狂地热爱着音乐，有才华、勤奋过人，还取得了成功，从一个默默无闻的意大利小镇男孩到奥地利皇家御用作曲家，他的乐曲风靡欧洲，歌剧也获得巨大成功。

然而当这一切遇到天才莫扎特时，顷刻之间化为乌有。而这个天才竟是一个"荒唐，下流，傲慢的小鬼"，时不时发出痉挛一样无礼的笑声。世上最大的痛苦在萨列里看来也莫过于此吧，自己全心付出的爱被上帝一个无聊的玩笑疯狂践踏。

第一次见到莫扎特，萨列里看到的就是癫狂和不合情理的恶趣味，他感到莫名其妙和不可思议。

第二次见面，莫扎特狂妄不羁，肆意而傲慢地修改他的音乐，使他难过欲绝。等到他从莫扎特妻子手中接过那些浑然天成、自然流淌的乐谱时，他彻底崩溃了，他的心已经被忌妒的毒液浸透。

这些痛苦在萨列里心中淤积成了一个巨大的有毒的黑色沼泽，除了复仇之外，无法排解。

他烧掉了十字架，并且在以后的时间里他一面装扮成莫扎特最忠实的朋友，一面利用自己的影响，利用莫扎特的天真鲁莽和傲慢无礼，玩弄各种诡计使他陷于贫困潦倒，债台高筑，尊严尽失，终于在一个冰凉的早晨，莫扎特在写作《安魂曲》的时候凄凉地死在自己面前。

莫扎特死了，在萨列里的忌妒之火和精心安排下，在最好的年纪，在又脏又杂乱的家里，在用音乐穿透了死亡的真相也历尽了世间美好的时候。

然而，萨列里的痛苦并没有因为计划的完成而有所缓解，相反，莫扎特的死在萨列里心里撞出了一个巨大的黑洞，那是难以形容的茫然和绝望。

萨列里在之后的 32 年里痛苦地看着自己的作品慢慢消失，

没有人再弹奏，而莫扎特则越来越不朽。

一个人在忌妒别人时，总是注意到别人的优点，却不能察觉自己比别人强的地方，令人可悲可叹。

忌妒的心理犹如魔鬼，它一刻也不停歇地折磨着人们脆弱的神经。但是被嫉妒的人常常是浑然不觉的，这反而使嫉妒的人更痛苦，这种痛苦使得他再没有多余的精力发现自己的长处，总是在别人的长处下生活，让别人的长处成了永远遮盖自己发挥优势的阴影。

有一个人，非常忌妒他的邻居，他的邻居越是高兴，他越是不高兴；他邻居的生活过得越好，他越是不痛快，每天都盼望他的邻居倒霉，或盼望邻居家着火，或盼望邻居得什么不治之症，或盼望下雨天雷能蹿进邻居家，劈死一两个人，或盼望邻居的儿子夭折……

然而，每当他看到邻居时，邻居总是活得好好的，并且微笑着和他打招呼，这时他的心里就更加不痛快，恨不得给邻居的院里扔包炸药，把邻居炸死，但又怕偿还人命。就这样，他每天折磨自己，身体日渐消瘦，胸中就像堵了一块石头，吃不下也睡不着。

终于有一天，他决定给他的邻居制造点晦气。这天晚上，他在花圈店里买了一个花圈，偷偷地给邻居家送去。

当他走到邻居家门口时，听到里面有人在哭，此时邻居正好从屋里走出来，看到他送来一个花圈，忙说："这么快就过来了，谢谢！谢谢！"

原来邻居的父亲刚刚去世。这人顿觉无趣，"嗯"了两声，便走了出来。

这个故事中的人就是出于忌妒，把自己置于一种心灵的地狱中折磨自己。但折磨来折磨去，却一无所得。

其实，任何人都有不如别人的地方，当别人在某些方面超过我们时，我们可以有意识地想一想自己比对方强的地方，这样就会使自己失衡的心理天平重新恢复到平衡的状态。

好忌妒的人往往自大，因为自大，想高人一等。所以就容不下比自己强的人。看到周围的人有超过自己的地方，要么设法去贬低，要么设置陷阱去坑害对方。

好忌妒的人必然自私，自私的人必然爱忌妒——忌妒和自私犹如孪生兄弟。

法国作家拉罗会弗科曾经说过："忌妒是万恶之源，怀有忌妒心的人不会有丝毫同情"。"忌妒者爱己胜于爱人。"因为忌妒，他不希望别人比自己优越；因为自私，他总是想剥夺别人的优越。好忌妒的人从来不为别人说好话。

忌妒的人，因为容不下别人的长处，所以就通过说别人的坏话来寻求一种心理的满足。

好忌妒的人没有朋友，因为他容不下别人的长处，而每个人也都有自己的长处，所以他就把所有的人都视作自己的敌人，以冷漠的目光注视别人。

事实上，忌妒别人的人可以说是这世界上最愚蠢的人了。因为忌妒别人不曾给别人带来一点点的伤害，却总是在刺痛着他们自己的内心，总是让他们自己不快乐，总是让我们每天深陷在忌妒所引来的烦恼之中而不得自在。

忌妒是最能让我们痛苦的毒瘤，若不把它从内心深处连根拔除，必将极大地影响我们的身心健康，更不要说做成功人与做人成功了。

为了不使我们成为一个人生失败的人，就要赶快让忌妒搬家，不要让忌妒使我们永远在失败的巢穴中驻足。赶走忌妒，让我们能有明亮的双眼看到自身的优势，发挥出最佳的状态，让欣赏占据我们内心的忌妒。学会欣赏他人，吸收他人的优点为自己所用，用自己的特长谱写出快乐的人生乐章，让阳光照亮我们的命运旅途。

示弱可以减少乃至消除他人的不满或嫉妒，是自保的妙方。事业上的成功者或生活中的幸运儿，是很容易遭人嫉妒的，在无法消除这种心理误会之前，适当地利用示弱可以将其消极影响减小到最低程度。

示弱能使处境不如自己的人得到心理平衡，有利于人际关系的发展。在交际过程中，必须学会选择示弱的内容。地位高的人面对地位低的人不妨展示一下自己的奋斗过程，说明自己其实也是个平凡的人。

成功者在别人面前可以多说自己失败的往事，现实的烦恼，让人觉得"成功不易""成功者并非万事大吉"。对目前经济状况不如自己的人，可以适当诉说自己的苦衷，比如健康欠佳、子女学业不妙以及工作中遇到的困难等，让对方觉得"他家也有一本难念的经"。

在某些专业上有一技之长的人，可以诉说自己对其他领域的无知，袒露自己平时生活中如何闹过笑话、有过窘态等。至于那些完全依靠客观条件或偶然机遇侥幸获得成功的人，更应该直言不讳地表明自己是"瞎猫碰上死老鼠"。这样的话，不但可以消除他人心中的嫉妒，还能够笼络人心，获得他人的同情。

激励自己，激发动力潜能

有这样一个手无缚鸡之力的老太太。一天晚上，她的一个孙子和一个孙女跟她睡在一张床上。半夜里，有人高声叫喊，"不好了，着火了"，老太太未敢思索，左手挟孙子，右手挟孙女，箭一般地从房子里冲出去……当她停下来时，才发现周围很多人都用惊奇的目光注视着她……

这个故事告诉我们这样一个道理：人在绝境或遇险的时候，会展示非凡的能力，这就是潜力。人没有退路，就会产生爆发力，这种爆发力就是潜能。一个人竟有 90% 的潜能未开发出来，如果它爆发，那该是多么惊人的力量啊！

很多时候，人们踌躇不前，只是因为害怕才不去做的，因此，你得首先从自我激励开始。我们的内心中常常存在着需要激励的欲望，我们每个人无论有多么坚强，都需要勇气、力量和希望。

缺乏激励会导致没有足够的热情。心理学家史金诺由动物实验证明：因为好行为受到奖赏的动物，其学习速度快，意志力也更持久；因为坏行为而受到处罚的动物，则不论速度或持久力都比较差。哈佛大学心理学家威廉·詹姆士经研究发现，一个没有受激励的人，仅能发挥其能力的 20% ~ 30%，而当他受到激励后，所发挥的作用相当于激励前的 3~4 倍。

而这种激励，要通过本人对自己的鼓励或者外部的激励来完成。人生的成长，有时需要师长的帮助、大众的扶持、领导的提携、朋友的勉励。但是光靠别人，就像仅仅往血管里注射营养剂，是不能从根本上强身健体的，最重要的，还是要靠自己。事业上的成功者，大都是掌握自我激励的人。

自我激励是人们精神活动的动力之一，也是保持心理健康的一种方法。在遇到困难、挫折、打击、逆境、不幸而痛苦时，善于用坚定的信念、名言警句、榜样人物的感人事迹来激励自己，就能使自己产生同痛苦作斗争的勇气和力量。

一旦掌握了自我激励，自我塑造的过程也就随即开始。

塑造自我的关键是甘做小事，但必须即刻就做。塑造自我不能一蹴而就，而是一个循序渐进的过程。

大多数人希望自己的生活富有意义。但是生活不在未来。我们越是认为自己有充分的时间去做自己想做的事，就越会在这种沉醉中让人生中的绝妙机会悄然流逝。只有重视今天，自我激励的力量才能汩汩不绝。

生活就像是一面镜子：你对它笑，它就对你笑。对待生活中的困惑或不如人意之事，不要一味地忍让或逃避，而要激励自己去克服它，战胜它。有人说，一个没有目标的人就像一艘没有舵的船，我们每一个人都应给自己设立一个人生目标，鼓励自己为了这个目标而奋斗。无论艰难困苦，无论挫折压力，都要去战胜和克服它们，为达到目标奋斗到底。生活中的每个人大都不甘心平庸一生，每个人都向往幸福的生活，希望有充足的财富，有成功的事业，有美好的爱情，有健康的身体。这一切都要靠自己去努力追求，在追求过程中出现的一些艰难困苦都要靠自己去解决。当感到吃力时，不妨激励自己，给自己鼓掌，为自己打气，这样才不至于半途而废，才能永不放弃，直至成功。

我们每一个人都应铭记，当你失意落魄时，不要灰心，适时激励一下自己，会使你精神重振，生机勃发；当你自轻自贱时，请激励一下自己，这样会使你不再低头走路，而是鼓起勇气，信心十足地去面对生活；当你想获得成功人士拥有的一切时，请激励自己去努力争取，说不定几年后你就是一个荣耀的成功者。

激励的力量是无穷的：它像一簇灯光，为你照亮黑暗；它像一汪清泉，解除你旅途中的干渴。

不要苛求绝对完美

追求完美，是人类自身在渐渐成长过程中的一种心理特点或者说是一种天性。应该说，这没有什么不好。人类正是在这种追求中不断完善着自己，使得自身成为这个世界万物之精灵。如果人只满足于现状，而失去了这种追求，那么人大概现在还只能在森林中爬行。我们对事物总要求尽善尽美，愿意付出很大的精力去把它做到天衣无缝的地步。可见，追求完美并不是件坏事。

但是，人生不可能事事都如意，也不可能事事都完美。追求完美固然是一种积极的人生态度，但如果过分追求完美，而又达不到完美，就必然会产生浮躁。要知道，过分追求完美往往不但得不偿失，反而会变得毫无完美可言。

有这样一个故事：一位老和尚为了选拔理想的衣钵传人而设想了一道非常奇妙的"考题"。一天，老和尚对一胖一瘦两个得意门生说："出去给我拣一片你们最满意的树叶回来。"两个徒弟遵命而去。时间不久，胖和尚就回来了，递给师傅一片并不漂亮的树叶，对师傅说："这片树叶虽然并不完美，但它是我看到的最好的树叶。"瘦和尚在外面转了半天，最终却空手而归，他对师傅说："我见到了很多很多的树叶，但怎么也挑不出一片最完美的，所以没有一片是我最满意的。"

考试结果可想而知，胖和尚成了衣钵的传人，因为他更懂得世上本无完美之事的道理。

也许在人生中，我们都会遇到这样的情景，一心只想尽善尽美，最终常常是两手空空。"拣一片最完美的树叶"，人们的初衷总是美好的，但如果不切实际地一味找下去，最终往往只会吃尽苦头，直到有一天你才会明白，为了寻求一片最完美的树叶而失去许多机会，是得不偿失的。况且，人生中最完美的树叶又有多少呢？

有人说，天空不够完美，因为它有时布满阴霾甚至狂风暴雨。大海不够完美，因为它总是惊涛骇浪，甚至卷人入底。米洛斯的维纳斯不够完美，因为她丢失了双臂。每个人每个事物都是被上帝咬过一口的苹果，都有一丝小小的缺憾，只要你不苛求，就会发现天空是那么蓝，大海是那么阔，维纳斯是那么美。

居里夫人说："完美催人奋进，但苛求反而成为科学进步的大敌。"人世间许多的悲剧，正是因为一些人热衷于追求虚无缥缈的最完美的树叶而忽视平淡的生活。其实，平淡中往往也蕴含着许多伟大与神奇，关键是你以什么样的态度去面对它。

生活中的"完美"，只是一种"好"的程度，而真正的完美是不存在的。不管是什么猫，能捉住耗子的都是好猫；不管西瓜圆不圆，味道甜的就是好瓜。日常生活中，不要妄想什么"完美"，只要你过得充实、精彩，在幸福的时候能发现并体验你的快乐，在痛苦的时候能回忆并审视你的过去，乐观地面对人生，你的生活就是完美的。

也许你会说，追求完美者也并非都是两手空空，有的追求完美的人斩获颇丰，她们取得了令人羡慕的成绩，例如网球女选手维纳斯·威廉姆斯。

在 2004 年的法国网球公开赛上，女选手维纳斯·威廉姆斯取得了 17 场连胜的骄人战绩。她对记者发表胜利感言时说："我还不够努力。有时候，我获胜心切；有时候，我求胜心又不够强。有时候，我不遵从教练的指导；有时候，我不听从自己的安排。我讨厌在任何事情上犯错，不仅是在球场上。"

可见，威廉姆斯不论在球场上还是在生活中都追求完美，不容许自己有丝毫错误。有人说，正因为威廉姆斯为自己设定了一个非常高的标准，她才能发奋图强，斩获佳绩，追求完美是她达到目标的健康动力。可是，加拿大不列颠哥伦比亚大学的心理学家保罗·休伊特说："我并不这样认为，这些人往往忽略了完美主义者脆弱的一面，譬如沮丧、厌食和自杀。"

休伊特和心理学教授戈登弗莱特自 20 世纪 90 年代开始研究完美主义。他们发现，完美主义者有不同的表现形式，但不管是何种类型的完美主义者，都有这样那样的健康问题，譬如沮丧、焦虑、饮食紊乱等。但在很多人眼里，"完美主义者"这项帽子并不难看，追求完美才能达到优秀。事实上，追求完美和追求优秀是两回事。

追求完美，有时也是一种错，那是一种苛求，对自己是一种折磨。严格要求自己，不断完善自我是必要的，但不要苛求，学会善待自己，才是应该努力的方向。

完美是一种美丽的构想，又有谁能达到完美的境界呢？人生的价值在于追求，追求现在比过去好，追求未来比现在好，可什么都只能近乎完美，并不能如我们想象得那么完美。所以，我们要拥有更轻松的生活，就必须学会不苛求生活中的琐碎小事，不追求完美，因为我们都不是完美无缺的。越是极早地接受这一事实，就越能极早地拥有轻松的心态。

第三章

命运心理学：梦想、自信、成功

◇ 梦想是人生旅程的第一站
◇ 命运不相信眼泪
◇ 自信是改变命运的力量
◇ 做命运的主人，不做命运的仆人
◇ 勇于挑战让生命更加精彩

梦想是人生旅程的第一站

梦想，我们每个人都有，也都应该有。找到梦想，就等于踏上了幸福旅程的第一站。我们始终都要怀揣梦想，如果没有梦想，我们的生活还有什么意义呢？

有了梦想，我们幸福的旅程才能开始启航；有了梦想，我们的人生才会有目标；有了梦想，我们的生活才会有不断丰富的动力。梦想是我们幸福的航站，是我们人生的源动力，是我们人生的激情目标。

在加拿大一个普通家庭，有这样一个普通男孩，因为一个梦想，而开辟了一项慈善事业，他就是瑞恩。5 年前的一天，这个一年级的小学生，听老师讲非洲的生活状况：孩子们没有玩具，没有足够的食物和药品，很多人甚至喝不上洁净的水，成千上万的人因为喝了受污染的水死去。我们的每一分钱都可以帮助他们：一分钱可以买一支铅笔，60 分够一个孩子两个月的医药开销，两块钱能买一条毯子，70 块钱就可以帮他们挖一口井……

6 岁的小瑞恩深受震惊，为非洲的孩子捐献一口井的愿望成了他强烈的梦想。但他的妈妈并没有像我们的某些家长一样直接给他这笔钱，也没有把它当成小孩子头脑发热时的冲动。

妈妈让他在所承担的正常家务之外自己挣：哥哥和弟弟出去玩，他吸了两小时地毯挣了两块钱；全家去看电影，他留在家里擦玻璃赚到第二个两块钱；帮爷爷捡松果；帮邻居捡暴风雪后的树枝……

他坚持了4个月，终于攒够了70元钱，交给了相关的国际组织。然而人家告诉他：70元钱只够买一个水泵，挖一口井要2000块。瑞恩的梦想只得继续。一年多以后，通过家人和朋友的帮助，他终于筹集了足够的钱，在乌干达的安格鲁小学附近捐助了一口水井。

事情到此并没有结束，因为有很多的人喝不上干净水。因此，攒钱买一台钻井机，以便更快地挖更多的水井让每个非洲人都喝上洁净的水成了瑞恩的梦想。他坚持了下去。

5年后，这个6岁孩子的梦想竟成为千百人参加进来的一项事业，"瑞恩的井"基金会筹款已达75万加元，为非洲8个国家建造了30口井。这个普通的男孩，也被评选为"北美洲十大少年英雄"，被人称为"加拿大的灵魂"，影响着越来越多的人去关爱和帮助他人。

瑞恩，因为一个小小的梦想，为非洲的千百万人解决了吃水的问题。瑞恩因为找到了自己的梦想，成功地踏上了自己幸福旅程的第一站，并且在这之后的数个航站中，都能坚持梦想不放弃，终于走向了那不同于他人的美丽人生旅程。因为有了梦想，瑞恩才在帮助他人的行为中发现了自己的人生价值，并且让这个人生价值不断地增值。在每一个梦想实现的时候，也是下一个梦想的开始，瑞恩就是这样在坚持不懈地帮助他人的时候，在不断地成功实现自己理想的同时，成就了许多人的美好善愿，也让更多的人参与到自己理想实现的过程中，让更多的人实现了他们的人生价值。

所以，我们切不可小看梦想的威力，也不可轻易放弃我们的梦想，因为我们不知道梦想的背后将会带给我们怎样的幸福旅程。

找到梦想，开始我们人生幸福旅程的第一站。找到梦想，然后开启我们的幸福旅程，让梦想成为我们幸福旅程的方向标，你的梦想将使你历经人生的种种胜境。

在旧金山贫民区有一个叫辛普森的小男孩，虽然身患重症，却因为找到了属于自己的人生梦想，从而完成了他的幸福人生旅程。辛普森因为营养不良又患有软骨症，6 岁的时候，双腿便严重萎缩成弓形。但残缺的身体从未让他放弃心中的梦想，他的愿望是有一天能成为美式足球的明星球员。

他从小就是美式足球传奇人物吉姆·布朗的忠实球迷，只要吉姆所属的克里夫兰布朗斯队来旧金山比赛，辛普森一定会跛着腿，辛苦地走到球场，为心目中的偶像加油。

由于家境贫穷，买不起门票，辛普森总是等到比赛快结束时，从工作人员打开的大门溜进去，欣赏最后几分钟比赛。

有一次，布朗斯队和旧金山四九人队比赛结束后，在一家冰激凌店里，他终于有机会和心目中的偶像吉姆·布朗面对面接触，而那也正是他多年来最兴奋、最期待的一刻。他大方地走到这位球星的前面，大声说："布朗先生，我是您忠实的球迷！"吉姆·布朗和气地向他说了声谢谢，辛普森接着又说：

"布朗先生，我想跟您说一件事……"吉姆·布朗转过头来问："小朋友，请问是什么事呢?"辛普森以一副骄傲的神态说："我清清楚楚地记着您所创下的每一项纪录和每一次的攻防!"吉姆·布朗开心地回应着，满脸笑容地拍拍他的头说："孩子，真不简单。"这时，辛普森却挺起胸膛，眼里闪烁着炽烈的光芒，充满自信地说："不过，布朗先生，有一天我要打破您所创下的每一项纪录!"

听完小男孩的话，这位体育大明星微笑着说："哇，好大的口气，孩子，你叫什么名字?"小男孩得意地说："奥伦索，我的名字叫奥伦索·辛普森。"

小辛普森怀着伟大的梦想，后来不仅打破了吉姆·布朗所创下的所有纪录，更刷新了许多新的纪录。

小辛普森虽然身体残疾，但是心理却是非常健康的。身体上的残疾并不能影响他实现自己的梦想，他用这梦想，完成了一次次人生挑战，不断地为自己的人生增添丰富的色彩。他以自己的梦想，开启了自己人生幸福旅程的第一站，而后为了实现梦想而踏实追梦，让梦想在人生旅程中绽放幸福的光华，为自己的人生画上了圆满的句号。

可以说，我们每个人从小开始就有很多梦想，但又有多少人真正实现了自己的梦想呢? 没有实现梦想，是因为我们没有找到属于自己的梦想，只有找到梦想，才能开始幸福旅程的第一站，才能开始多彩人生的启航。为了实现这一梦想，我们要不断地去丰富和完善我们的人生旅程，让这个幸福的旅程不断地带给我们惊喜和精彩。

　　每个人的一生中都会有许许多多的梦想，但是你找到属于自己的梦想了吗？你是否已经在梦想的指引下踏上了属于自己的幸福旅程？找到梦想，找到幸福旅程的第一站，让我们开始出发吧！

命运不相信眼泪

命运之神对每个人都是平等的，每个人得到的机会也都是均等的，当我们因慨叹自己的命运不佳而自怨自艾的时候，不如擦干眼泪，用勇气和智慧改写我们的命运。因为命运，从不会因几滴眼泪而改变。

既然命运不相信眼泪，那就做一个敢于向命运挑战的人。

著名的音乐家贝多芬就是这样一个敢于向命运挑战的人。他的一生可谓命运多舛，但是他从来都不认为命运会因为几滴眼泪而改变，他的一生就是向命运挑战的一生。

贝多芬从一出生就开始了他与命运的抗争。父亲想开拓他的音乐天赋，总是把他当作神童一样四处炫耀。4 岁的时候，父亲就让他整天坐在提琴前，或是把他和一把提琴一起关在一间屋子里，总是用暴力强迫他学习。11 岁时，贝多芬加入了戏院的乐队。13 岁时，他当上了大风琴手。他总算不厌恶音乐，这是非常幸运的事了。

贝多芬将近而立之年时就有了失聪的先兆，快到 50 岁时已经完全耳聋。他不再登台演出，甚至变得更加孤独怪癖。他并不像先前那样多产，而且作品也给人以枯燥之感。那时，他主要是为自己和一些理想的未来观众而作曲。贝多芬的晚年可以说是他一生中最悲惨、最痛苦的年月，他穷愁潦倒，孑然一身，于 1827 年 3 月 26 日病逝于维也纳。据说在他临终的那一刻，暴雨倾盆，雷电交加，贝多芬举起干枯的手臂向天空做最后的奋击。这种生命不息，战斗不止的精神，全部贯注在他那些不朽的巨作中。

如果说这位超乎时空的最富天才的作曲家饱尝了失聪的辛酸，不如说那就是对命运的一种最无情的嘲弄；如果说贝多芬不顾失聪的痛苦，以一种超人的毅力继续保证作品的质量，那么这将是一种鼓舞人心的、近乎令人难以置信的功绩。但是事实比想象的还要出人意料：实际上贝多芬在完全失聪的岁月里，谱写出的乐章超出了他早期作品的水准，人们认为他在晚年创作的作品是他一生中最伟大的杰作。

贝多芬从不向命运低头，从来不会在多磨难的命运面前流泪，相反却始终以倔强的性格迎接命运的数次挑战。正是因为这种对命运的抗争性，才有了他一生的辉煌成就，而且至今，他的不朽作品仍为世人所称叹。

命运，从不会因几滴眼泪而改变，命运是最不能靠眼泪来征服的。只有敢于向命运挑战，才能战胜命运，从而成为自己人生的主宰。在人生旅途中，我们总会不可避免地遇到命运给我们的意外礼物，这个礼物大多都是不幸。然而，如果我们有一个坚强的意志，敢于向命运挑战，最终它所给你的就是你人生命运的丰厚奖赏，如果我们在这个礼物面前低头怯懦，就会与这个礼物失之交臂。我们是否能得到命运之神的奖赏，关键在于我们是否有一颗坚定的不向命运低头的勇敢抗争的心。

　　世界著名科学家霍金，就是一个虽被命运残酷折磨却以永不屈服的精神创造一系列科学奇迹的人。17 岁时，霍金考取了著名的牛津大学，21 岁时，却患上了萎缩性脊髓侧索硬化症。医生说他至多只能活两年半。就像正要开放的花朵遭到严重的打击，霍金的人生面临着严峻的挑战。

　　如果他在命运面前软弱一下，就可能痛苦地生活，平庸地消失。但是，霍金对自己说："时间只有两年半，不算多，要努力做些有意义的事，让生命留下一点辉煌。"疾病不断地向他进攻，他的病情渐渐加重，肌肉一天天地萎缩下去，走路越来越不稳，连站立也变得困难起来。为了与咄咄逼人的病魔斗争，他努力锻炼，坚持靠自己的力量上楼。腿的力量弱了，他就用手拉着扶手艰难地走上楼去。

　　病情不断地加重。霍金终于站立不住，坐上了轮椅。他的手指失去了活动的能力，十个手指中，只有两个还能活动。1984年，他说话已经相当困难，吐字不清，说几个词要花好长时间。1985 年，他又得了肺炎，治疗时切开了气管，从此就再也不能发声。后来，人们为他在轮椅上安装了一台电脑和语音合成器。他用仅有的两个完好的手指在键盘上敲出要说的词，组成相应的句子，经过语言合成器发出声音来。他就用这个办法进行学术交流，做学术报告。

　　在他的挑战面前，命运好像有所退却，一个两年半过去了，又几个两年半过去了，他还是坚强地活着。霍金向命运的挑战，不仅仅是指他能活着，更是指他的创造。虽说他的身体一刻也没有离开过轮椅，但是，他的思维却飞出了地球，飞出了太阳系，飞出了银河系，飞到了上百亿光年外的宇宙深处，飞向了神秘莫测的黑洞。他在大脑中想象着，论证着，推理着，计算着。他思考着宇宙从什么时候开始，时间有没有尽头。他发现了黑洞的蒸发性，推论出黑洞的大爆炸，还建立了一种非常美的科学的宇宙模型。

霍金成了伟大的天体物理学家。他写的科学著作《时间简史——从大爆炸到黑洞》风行世界。他被选为皇家学会会员，成为只有像牛顿这样的大科学家才能跻身的卢卡逊数学讲座的教授。霍金不仅以他的成就征服了科学界，也以他顽强搏斗的精神征服了世界。

一个人虽然拥有聪明才智，但不一定能发挥出来，因为命运带给你的并不总是一帆风顺，更多的是人生中难以抗拒的风风雨雨。要想让自己的一生不默默无闻，要想在自己有限的生命中取得卓越的成就，就需要一种精神，一种不怕失败，不怕困难，敢于向命运挑战的精神。命运，从不会因几滴眼泪而改变，要想改变命运，只有靠自己不断地向命运勇敢挑战，这样你才能走出与别人不一样的人生。

自信是改变命运的力量

在与命运抗争的同时，更重要的是要对自己有信心。你要永远记住：信心是你命运之树上最漂亮的装饰物。一个人，只有充满信心，才能在命运的幸福树上装点最美丽的饰物。可以说，信心是我们人生路上最强有力的源动力，信心是我们前进道路的指路明灯，有了信心，我们的人生旅途才会有无穷的动力。

我们周围，有很多这样普通的人以坚定的信心改写自己命运的故事。

在南方有一个以专门生产各种灯具为主业的小镇。有一对姐妹从遥远的穷困农村到这里来找工作，她们家里非常穷，妹妹还是个手有残疾的人。姐妹俩在这镇上已经找了很多天，都没有找到一份工作。不是找不到，而是因为姐姐一直坚持要带着残疾的妹妹一起上班做工，但是没有任何一家工厂愿意招收一个几乎是废人的员工。毕竟，做灯具是要双手灵巧的。

妹妹因此很灰心，执意要回家，不想在外面连累姐姐了。可是姐姐却说道："我们要对自己有信心，这么多工厂，我就不相信我们找不到工作。你不能回家，否则还会让爸妈担心。我们不能回去，在外面一定要闯一闯，试一试，不试、不闯怎么知道自己行不行呢？"

妹妹听了，也有了继续坚持的勇气。在姐姐外出的时候，她自己一个人到这个小镇旁边的开发区找工作。开发区的工厂比小镇上的还多，她一家家地走，看到一家工厂的大门上贴有招工启事，就走进工厂的大楼。这时从一楼的一个房间里走出一个中年女人，看到这个不起眼的小姑娘便问道："你找谁？"

妹妹壮着胆子道："我是来找工作的。"

那个女人问道："我们是找黏合工，你会黏合吗？"

妹妹一听，心里有点泄气了，但是仍然不放弃，大着胆子说："我不会黏合，我也不懂什么叫黏合，但是我肯学，我要找工作，我要赚钱，我得养活俺爸俺妈。我肯学，我相信我一定能学好的。请您给我一个工作的机会吧。"

那位中年女人听着，觉得这个女孩的态度很坚决，而且有一股子不服输的劲儿，于是说道："好吧，你来人事部办个手续吧。"就这样，妹妹就在这个工厂上班了。她的姐姐也很快找到了工作。妹妹学得很快，也很认真，工资很快就赶上厂里的老工人了。现在她们姐妹俩不但能养活自己，还能每月给家里寄钱，改善家里一家大小的生活了。她们很为自己的能力而自豪。

所以说，信心不但是我们命运之树上最漂亮的装饰物，还是我们人生中照亮成功道路的一束阳光，更是促进成功的催化剂。拥有自信心态的人更容易让人相信他们的能力，因而也会得到更多的锻炼机会，使他们成为更有能力的人。

上面所说的妹妹因为凭着一股不服输的信心，相信自己一定不会比别人差，相信自己一定能找到工作并自食其力，相信自己一定能做好这份工作，所以获得了老板的格外眷顾。

信心足以改变自己的命运，信心不是别人能给予的，而是完全来自内心深处对自己的那份肯定，这种力量足以让别人对你刮目相看。如果自己都没有信心，那别人怎么可能会看好你呢？

凡事相信"我能行"的人，正是那些遇到困难能相信自己的人。如果你有信心，你对前途就不犹豫了。如果你有勇气，你就不怕前途是否有困难或危险了。

在一场国家奥林匹克比赛的决赛上，米奇尔·斯通面临着他撑竿跳高生涯中最富挑战性的时刻。横竿定在5.2米，比他个人的最好成绩高8厘米。

飞到二层楼那么高这种想法，对于观看这项比赛的任何人来说都是一个梦想。而这不但是米奇尔的现实与梦想，也是他的追求。

米奇尔从记事起就梦想着飞翔。从14岁起，他就开始了周密的举重训练。他练一天举重，隔一天练跑步。训练计划是由教练也就是他的父亲细心制订的，米奇尔的执着、决心和严格训练都是父亲一手调教的。米奇尔是个优秀的学生，又是独子，他为完美而奋力拼搏的这种坚持不懈的精神，不但是他的信念，更是他的激情。米奇尔的父亲总是说：想要得到，就必须努力。

他知道最后的时刻来临了，只要跨过这个高度就可以稳获冠军。他拿起撑竿，稳稳站定，踏上他运动生涯中最具挑战性的跑道。他感到剧烈的紧张和不安，突然想起母亲常告诉他此时需要做一下深呼吸。他照做后，把撑竿轻轻地置于脚下。

全速助跑后，一切都顺理成章，他飞了起来。他跳越了6.5米的高度——一项全国乃至世界的青年锦标赛纪录。

超 级 心 理 学

鲜花、奖金和传媒的关注将改变米奇尔日后的生活。这一切不只是因为他赢得了全国青年赛的冠军并打破一项新的世界纪录，也不是因为他把自己的最好成绩提高了 9.5 米，而是因为米奇尔·斯通是个盲人。

不可否认，成功者都是那些对自己抱有坚定信念、相信自己一定能成功的人。从小时候想要飞翔的梦想到日复一日严酷的训练，米奇尔·斯通无时无刻不在努力着，他在坚定的信念支持下，相信自己一定能够实现梦想，才拥有了无穷的力量去克服身体上的残疾和训练的痛楚。他心中只有一个信念，那就是"我想飞翔，我能飞翔"。同样，其他的成功者也正是在各自信念的支撑下，才能够走过千难万险，最终实现梦想。对他们来说，支持自己前进的伟大动力，是耀眼的梦想，更是坚信自己能够实现梦想的信心。

可以说，信心是你走向成功的最有力的保证。生活就是这样，有时决定你成败的不是能力的高低，而是你是否有信心，是否相信自己"我能行"。

假如你面对巨大的挑战感到很是困难，你是否会缺乏信心？但如果你知道自己有强大的后盾，最后的成功将是必然，你是否会变得信心百倍？

智者往往很自信，他们从来不内疚、自责。他们有强烈的竞争意识，可以抓住每个万分之一的机会，享受着成功的愉悦。愚者缺乏自信，做事没有激情，他们会为小小的过失懊悔不已，更不敢同别人竞争，他们生活在自己狭小、阴暗的心理空间之中，没有快乐可言。一个真正拥有自信的人，不会让自己的人生随波逐流，他们会扼紧命运的喉咙，成为生命的主人。

　　每个人都有自己的命运之树，命运之树的装点靠自己的能力和智慧，还有信心。用信心来装点我们的命运之树，才能让命运之树常青，让命运之树永远茁壮。

做命运的主人，不做命运的仆人

每个人的命运各不相同，你是想成为命运的主人还是沦为命运的仆人，相信每个人的内心都有自己的一个标准。相信每一个人都会充满豪情地说："我要做命运的主人，不要做命运的仆人。"但是，当真正在人生路途上遇到命运对自己的挑战时，又有多少人能真正成为命运的主人，而不是沦为命运的仆人呢？要想做命运的主人，需要的不仅是豪情，更需要勇气和智慧。

一场由雷电引发的山火，将保罗·迪克刚刚从祖父手中继承的美丽的"森林庄园"化为灰烬。面对焦黑的树桩，保罗欲哭无泪。年轻的他不甘心百年基业毁于一旦，决心倾其所有也要修复庄园，于是他向银行提交了贷款申请，但银行却无情地拒绝了他。接下来，他四处求亲告友，却没有一个人向他伸出援助之手。所有可能的办法全都试过了，保罗始终找不到一条出路。他知道，自己以后再也看不到那郁郁葱葱的树林了。他的心在无尽的黑暗中挣扎。为此，他的眼睛熬出了血丝，整天闭门不出，茶饭不思。过了一段时间，年逾古稀的外祖母获悉此事，意味深长地对保罗说："孩子，庄园成了废墟并不可怕，可怕的是你的眼睛一天天地老去，失去了光泽。一双没有光泽的眼睛，怎么能够看得见希望呢？"

保罗在外祖母的劝说下，一个人走向庄园，走上深秋的街道。他漫无目的地闲逛着，在一条街道的拐角处，他看见一家店铺的门前人头攒动。他走了过去，原来是一些家庭主妇正在排队购买木炭，那一块块木炭让保罗眼睛一亮，他看到了一丝希望。在以后的两个多星期里，保罗雇了几名烧炭工，将庄园里烧焦的树加工成优质的木炭，分装成箱，送到集市，结果被抢购一空，他得到了一笔不菲的收入。不久，他用这笔钱买了一大批树苗，一个新庄园又初具规模了，几年以后，"森林庄园"再度绿意盎然。

试想，如果保罗当时就此消沉下去，被命运所控制和掌握，那他就不会再次拥有美丽的"森林庄园"。而保罗毅然坚持与命运较量，终于峰回路转，找到了挽救自己和"森林庄园"的绝好机会。所以说，命运其实对每个人都是公平的，关键在于我们自己如何把握。是勇敢地做命运的主人还是懦弱地沦为命运的仆人？一切都取决于我们自己。

如果你自己都没有信心来做自己的主人，又怎能指望他人帮助你呢？如果你自己只想软弱地服从命运的安排，遇到一个小小的逆境就被彻底打倒，那即便是神仙也无法搭救你。做人当自强，只有自己不做命运的仆人，那命运自然不会压垮你，自然也会服从你，让你成为它的主人。所以说，只有自己才是命运的主宰者，任何人都无法主宰你的人生命运，你的命运掌握在自己的手中。

人生不会总是一帆风顺，人生的道路不会一路平坦，每个人都一样。有欢乐也就有痛苦，有幸福也必有考验，关键是遇到挫折时采取怎样的态度。无论遇到什么，都要有乐观的态度，用积极的精神，饱满的斗志奋斗到底，冷静而热情地以智慧与毅力化解困难。

著名的奥斯卡获奖影片《阿甘正传》里所描写的弱智人阿甘，正是因为执着地做自己命运的主人，才创造了自己人生中的数次奇迹。

阿甘出生在美国南方亚拉巴马州一个闭塞的小镇。他先天弱智，可他的妈妈却是一个性格坚强的女性，她要让儿子和其他正常人一样生活。她常常鼓励阿甘"傻人有傻福"，要他自强不息。而上帝也并没有遗弃阿甘，他不仅赐予阿甘疾步如飞的"飞毛腿"，还赐给了他单纯正直、不存半点邪念的头脑。

在上学的校车里，阿甘与金发小女孩珍妮相遇，从此，在妈妈和珍妮的爱护下，阿甘开始了他一生不停的奔跑。在中学时，阿甘为了躲避同学的追打而跑进了一所学校的橄榄球场，就这样跑进了大学。在大学里，他被破格录取，并成了橄榄球巨星，受到了肯尼迪总统的热情接见。

大学毕业后，在一名新兵的鼓动下，阿甘应征参军。在一次战斗中，他所在的部队中了埋伏，一声撤退令下，阿甘记起了珍妮的嘱咐，撒腿就跑，他的飞毛腿救了他一命。

战争结束后，阿甘作为英雄受到了约翰逊总统的接见。作为乒乓外交的使者，阿甘还到中国参加过乒乓球比赛，并为中美建交立了功。在"说到就要做到"这一信条的指引下，阿甘最终闯出了一片属于自己的天空。他教"猫王"埃尔维斯·普莱斯里学跳舞；帮约翰·列农创作歌曲；在风起云涌的民权运动中，他瓦解了一场一触即发的大规模种族冲突；他甚至在无意中迫使潜入水门大厦的窃贼落入法网……

因为"傻人有傻福"，阿甘还阴差阳错地发了大财，成了百万富翁。而阿甘不愿为名利所累，他做了一名园丁。阿甘仍然用他执着的精神感动着他一直深爱着的珍妮，终于获得了珍妮的芳心，并且让自己的生命得到了延续。

阿甘把自己的这种做命运主人的执着精神又传递给了儿子。不但他自己成了世界的奇迹，而且影响了一个时代人们的精神世界。

从中我们可以看出，其实人类从未被命运所击败，反而是自己打败了自己。那些勇敢的跃进者将成为命运的主人，而那些懦弱者注定将成为命运的仆人。

勇于挑战让生命更加精彩

有这样一个故事：在一片美丽的森林中，生存着鹿和狼。狼整天虎视眈眈地看着鹿，鹿在吃草的时候也提心吊胆，一有风吹草动就跑。狼和鹿总在这种情况下生活，所以，狼有活力，鹿很灵敏。随着时代的变化，鹿成了稀有物种，狼成了杀害鹿的罪魁祸首。人们为了保护鹿，开始大量地捕杀狼，于是，一只又一只的狼哀号着倒在血泊之中。不久，森林里就没有狼的踪迹了。鹿开始大量繁殖，无忧无虑地生活在森林里。

可是，好景不长，由于森林里鹿的数量太多，森林里可吃的食物都被鹿吃光了，鹿群中又开始爆发一种瘟疫，一部分鹿病死了，剩下的也奄奄一息了。后来，有人把一只狼放进了鹿群里，结果，森林又恢复了以前的生机。

这个故事告诉我们，只有生活在有挑战的环境里，人们才可以活得更精彩。

人生充满了挑战，每个挑战都是一次机遇。要胜利，要成功，我们就要做到一次失败了，就要再来一次，跌倒了就从原地爬起来，继续面对挑战。只有这样，才能最终实现理想。

一家著名的运动鞋厂派两个正在试用的员工去非洲的某个部落推销他们的新产品。如果这次推销成功，他们就会被正式录用。两个人都接受了这次挑战，因为成为世界上最伟大的推销员是他们共同的理想。

甲来到这里后，看见人们都赤着脚，很是奇怪。他找到一位妇女介绍他们的产品，妇女不屑一顾地说："真好笑，我们这里的人从来不穿鞋。别费力气了！"甲听后，非常失望，赶忙打电话给公司总部，说这里的人根本不穿鞋，无法开拓市场。然后，甲就离开了这里。

乙来到这里后，也面对同样的问题，但他并没有打退堂鼓，而是接受了这次更加严峻的挑战。乙是这样想的，这里以前没有人穿鞋，并不代表他们以后不穿鞋，如果能说服他们，那么市场将会无法估量。

于是，在遭到同样的嘲讽之后，乙对一位妇女说："你先试试穿上这双鞋，走几步，看看是不是比不穿鞋要舒服一些呢？"

妇女照着他的意思做了，感觉确实舒服了很多。

有了这一次成功的尝试后，乙得到总部的支持，在这个地方举行了一次营销活动。他找来两批人，第一批人穿上他们的鞋子，第二批人不穿他们的鞋子，然后两批人进行登山比赛。

结果可想而知，第一批人由于穿了鞋子无所畏惧，很快就登上了山顶。第二批人由于老是担心脚下的荆棘戳到他们的脚，所以登得很慢。接下来，他们又进行了跑步和竞走比赛，都是穿了鞋子的这一批人取得了胜利。由于事先邀请了媒体来报道，这个地方的人一下子都知道了穿鞋子的好处，从总部运过来的第一批货很快就被当地人一抢而空。

甲回到总部后，被公司辞掉，而乙因为不惧挑战，成功地开拓了新的市场，不但被正式录用了，还破格升了职。

由此可见，挑战并不可怕，可怕的是缺乏挑战的勇气。命运不是天注定的，没有人敢断言你失败与否，关键是看你是否有足够的勇气去迎接挑战。如果连这点勇气都没有的话，这就已经证明了你的失败。

你也许对自己的人生感到满意，但如果你没有成长、不追求挑战、不去冒险，很难让人相信你可以真的感到满足。在你的内心深处，一定有一个声音在呐喊：我需要更多、更新、更好的事物。

我们不追求挑战，因为我们知道挑战有时也与失败并存，你畏惧的正是失败。可是不知你是否想过，就算你失败了，你还是足可让人敬畏，因为你迎接了挑战，并且尝试了痛苦。记住，失败并不等于输，纵使你中途倒下，也不会遭到他人的嘲笑。因为他们知道，你已经努力了，谁也没有任何理由嘲笑你。以后，当你回眸今天时，留下的不是失败的泪水，相反，是成功的欢笑。你会想，纵使我中途倒下了，但我一样是胜者。因为，我努力了，我挑战了自我，超越了自我。

一个勇敢前进，不断接触、追求、学习新事物，从而不断拓展自己的人，即使他目前尚未达到目标或成就不大，但他一定对自己的人生非常满意，因为他的人生有方向、有成长。这使他觉得满足而有收获，每一天都过得很有意义。

在人生的道路上，要想获得成功，就要敢于迎接挑战，就要有勇气去面对身边的每一件事，怀着必胜的信念，哪怕前面困难重重，我们也应该持之以恒，顽强拼搏。即使是失败了，也没有什么好遗憾的，吸取教训，总结经验，从头再来，相信成功一定会属于你。

挑战是一种追求，一种信念，一种无畏。因为挑战，任何一条路都有可能；因为挑战，你的潜能会被无限激发，你会惊喜地发现你竟如此优秀。如果不去挑战，虽然避免了失败，但也失去了成功的机会。跌倒一千次，第一千零一次仍能微笑着站起来的人，生活永远难不倒他。有句话说得好，也许奔流却掀不起波浪，也许攀援却达不到顶峰，但我们毫无怨言，因为挑战过，人生就无悔。

第四章

个性心理学：自尊、自强、完美

每个人都有一片属于自己的天空

每个人的身上都有其与众不同的特质，只是我们常常因为没有发现自己的特质而就此埋没了自己的才华。那么怎样让自己与众不同的特质散发出绚丽的光彩呢？

吕燕，一个在中国人眼里并不很美的女人，却在高傲的巴黎时尚界赢得了一席之地，让国人结结实实地扬眉吐气了一把，吕燕也因此成为向世界展示中国名模风采的一张名片。

吕燕的美很出位，也美得很夺目。吕燕的眼睛很有特点，嘴唇也很性感，再加上高挑的身材和爽朗的个性，让她在 T 台上大放光芒。吕燕由丑小鸭变成白天鹅的经历，依旧被人传颂着。国外媒体评价吕燕："一半是天使，一半是魔鬼"——既可以像天使那样笑得很灿烂很纯净，也可以像魔鬼那样很酷很野性。

出道以前，吕燕还只是江西德安一座银石矿上一名普通矿工的女儿。从小个子就特别高的她由于太过鹤立鸡群，老是刻意弯着腰，日子久了就有点驼背。尽管一直爱和男孩子一起玩，但到了 18 岁，女孩子爱美的天性还是占了上风。为了矫正体形，离开家乡到南昌读书的她报名参加了一个模特培训班。当时她真没想过以后自己要做模特，因为以前的生活里根本就没有这档子事。

　　1999 年，由于培训班要选 5 个学生到北京参加一个模特选拔赛，纯粹为了凑数，个子高挑的吕燕去了北京，从此正式入行。一个偶然的机会，她在酒店大堂邂逅了两名来自法国的经纪人，又被带到了法国。4 个多月后，仍然什么都"没想到"的她从世界超级模特大赛中脱颖而出，一举夺得亚军。

　　成名之后，围绕吕燕最多的疑问都是与她的容貌有关的。长着一张汇聚东方元素面孔的吕燕大受欢迎，国人眼中的"丑女"让众多国际顶尖设计师频频惊艳不已。游走在"绝色"与"奇丑"这两种极端对立的评价之间，用业内人士的话说，吕燕"颠覆了人们传统的美丽观念"，更加广义的概括则是：中国的社会已经发展到了一个容得下怪异，经得起颠覆的阶段，就像少女可以穿黑衣服，可以素面朝天，而老女人不能，因为只有前者才有经得起挥霍、"糟践"的资本。

　　如果说吕燕是碰巧生在了这个时代，还不如说她找到了属于自己的个性天空。如果没有这个属于自己的个性天空，相信吕燕到如今仍然只是一个默默无闻的丑女人，但正是吕燕的个性天空给了她发挥自己潜质的机会，使她在这个国际顶尖时尚群体里越飞越高。

　　机会对每个人都是均等的，关键在于你是否善于发现自己的那片个性天空。如果现在的你还是平庸，就需要用个性心理学去挖掘和找到那片属于自己的个性天空，然后腾空翱翔，让你的个性光华为你瑰丽的人生描绘出丰富多彩的画卷。

　　其实，我们每个人在降生之时，就拥有了一种与众不同的特质，有的人表现在艺术上，有的人表现在学术上，有的人表现在动手能力上，有的人表现在公共关系上等各有不同。所以在没有发现自己特质的时候，千万不可妄自菲薄，自暴自弃。相信自己一定是一个对社会对他人有用的人，你的人生一定是有价值的，你一定能创造出与众不同的人生价值。

有这样一个天才，13岁开始编程，并预言自己将在25岁时成为百万富翁。他是一个商业奇才，独特的眼光使他总是能准确地看到IT业的未来，独特的管理手段，使得不断壮大的微软能够保持活力。他的财富更是一个神话，39岁便成为世界首富，并连续13年登上福布斯榜首的位置。他就是大名鼎鼎的比尔·盖茨。

比尔从小就精力过人，早在婴儿时期自己就能让摇篮晃动起来，从小就极爱思考，一迷上某事便能全身心投入。

从外祖母循循善诱的启蒙教育到父母不辞辛苦地为比尔·盖茨寻找适合他天分发展的社团与学校，无不为他天赋的发展提供了肥沃的土壤和清新的空气。

随着儿子年龄的增长，家庭中的环境已无法满足比尔·盖茨天赋的进一步发挥。于是，父母把目光投向社会，积极为比尔寻找属于他的空间。在一次活动中，比尔·盖茨给班上准备了一份报告，名为《为盖茨股份有限公司投资》。这篇报告几乎成了全家人的事，他的外祖母帮着弄封皮，连父亲也插手帮忙，气氛很是活跃。小学毕业后，父母在征求比尔·盖茨的意见后，送他进了湖滨中学。在湖滨中学，比尔痴迷上了令他今后倾注毕生精力的计算机。比尔·盖茨在湖滨中学读书时，常按自己的兴趣爱好来安排学习。他在喜欢的课程上下功夫，学得非常棒，如数学和阅读方面。中学毕业后，比尔·盖茨很想到哈佛大学去读书，但一年后，他又离开哈佛，放弃锦绣学业，与别人一起创办计算机公司。虽然父母并不赞成他的想法，但比尔·盖茨还是毅然离开了令亿万学子向往的哈佛大学，开始在软件领域大展宏图。

　　成功人士都有其成功的特质，其实你也同样拥有，只是你还没有找到那片属于自己的天空。那么从现在开始，运用个性心理学，找到属于自己的天空，在那里展翅飞翔吧，相信你也会飞得很高。

学会忽视外来的影响

我们从小到大都会面对他人对你的评价或是看法，我们也一定或多或少地被影响到。但你是否想过，那是别人的想法，不是你的。他不能跟你走一样的人生道路，他的命运也不会与你相同，充其量，他人的说法、想法只能作为一个建议，而不能主宰你的整个想法和决定。那么，为什么我们要在意别人呢？个性心理学告诫我们：太在意别人，只会迷失自己的脚步。

索尼亚·斯米茨是美国著名的女演员，她童年的时候在加拿大渥太华郊外的一个农场里生活。那时候，她在农场附近的一个小学里读书。有一天她回家后很委屈地哭了，父亲问她为什么哭泣，她断断续续地说道："我们班里一个女生说我长得很丑，还说我跑步的姿势难看。"

父亲听完她的哭诉后，没有安慰她，只是微笑地看着她，然后父亲说："我能够得着咱们家的天花板。"

当时正在哭泣的索尼亚听到父亲的话觉得很惊奇，她不知道父亲想要表达的意思，就反问了一句："你说什么？"

父亲又重复了一遍："我能够得着咱们家的天花板。"

索尼亚完全停止了哭泣，她仰着头看了看天花板，将近4米高的天花板，父亲能够得着？尽管她当时还小，但她不相信父亲的话。

父亲看她一脸的不相信，就得意地对她说："你不信吧？那么你也别相信那个女孩子的话，因为有些人说的并不是事实。"

于是，索尼亚在很小的时候就明白了，不能太在意别人说什么，否则会迷失自己。她二十四五岁的时候，已经是一个颇有名气的年轻演员。一次，她准备去参加一个集会，但她的经纪人告诉她，因为天气不好，可能只有很少的人参加这次集会。经纪人的意思是，索尼亚刚开始出名，应该用更多的时间去参加一些大型的活动以增加自己的名气。

可索尼亚坚持要参加那个集会，因为她在报刊上承诺过要去参加。结果，那次在雨中的集会，因为有了索尼亚的参加而使得广场上的人群很拥挤。她的名气和人气骤升。

太在意别人对自己的看法，一心想要得到别人的承认，结果只会迷失自己。在我们的生命中，我们同样也遇到过许许多多劝慰和告诫我们的朋友、师长等等，还有更多的是来自父母、亲人的忠告。当然，他们这么做也是为我们好，但是你要记住，他们不是你，他们走过的路不一定适合你。每个人的人生之路各不相同，你要找准自己的那条路。个性心理学建议你别太在意别人，否则你会迷失自己前进的方向，从而迈错了人生的脚步。

有时候，我们就要做聋子，做聋子的最好方法，就是让内心的声音足够响亮。让你的行动表达你要说的话，让你的心指引你的行动。除此以外，其他都是次要的。

　　"做你自己"，这是著名作曲家欧文·柏林给乔治·盖希文的忠告。

　　当欧文·柏林第一次见到盖希文时，欧文·柏林已名声卓著，但盖希文当时仍只是周薪45美元的青年作曲家。

　　盖希文的才华令柏林印象深刻，柏林愿出三倍的薪水请盖希文担任其音乐秘书一职。不过，柏林同时规劝盖希文："你最好不要接受这份工作，因为这职务最多把你造就成一名二流的欧文·柏林。只要你坚持做自己，终有一天，你会成为第一流的盖希文。"

　　正如美国散文家亨利·梭罗所说，如果一个迷途的人不把自己想成是迷失方向的，他其实是和他自己在一起，身处他眼前所在的地方，那些认识他的人、事、地才是迷失了的。如此一来，所有的危险慌乱都将烟消云散。

　　无论外界、他人如何变化，我们都不能太在意，这样我们才能不迷失自我，不把自己搞丢。

　　在现实生活中，人最悲哀的失去是失去自我，最可怕的迷途是找不到自己。

　　在我们的生命中，一定会有很多人的忠告帮助我们少走了很多弯路，同时也有很多忠告也许就是毒药，消磨我们的意志，打击我们的热情，拖住我们的脚步。

　　这些都不可怕，可怕的是我们没有自己的主见，没有自己的意志，没有自己的意愿。

　　为了梦想，为了自己心中的那份梦想，我们更应该聆听自己内心的声音。在喧嚣之中，在众说纷纭中，你要清楚地知道，你必须为自己的梦想全力以赴，因为你是为自己实践梦想，不是为那些忠告你的人。没有人可以让你停步不前，只有你自己；没有人为你负全责，只有你自己。

别人的意见只能作为参考，不能为你设计全部的人生；别人不能保证你成功与幸福，只有你自己。心灵真正的平静，来自不计褒贬。而活在别人的评价里，用别人的评价来实现成功，用别人的评价来衡量成功，会让自己感觉活得很累，感觉自己活得很迷茫，感觉自己无所适从。要知道，个人的想法，其实比舆论的威力还来得强大。一个人对自己的想法，不但指引他未来的方向，甚至可以决定他的命运。坚持自我的个性，你才能走出与他人不一样的人生道路，才能创造出与别人不一样的命运。

我们的心中要有盏灯，我们的心中要有把尺，我们的心中要有自己。这样，我们才不会在纷繁复杂的生活中迷失自我。一切都在自己的个性心理掌握之中，个性心理学让我们都能走出个性的自我，而不是人云亦云，人行亦行、人想亦想。

相信自己才是自我命运的主宰，任何人都无法左右你的行为意志。自己的人生是由自己来规划的，别人给你设计的永远不能走入你的内心精神世界，那种规划只能是表面的图画，最瑰丽的色彩还需要用自己手中的画笔来描摹。你的人生是自己走出来的，你就是你人生之船的船长，所以人生的航向要靠自己来把舵。

个性心理学的巧妙之处就是让你在展现个性风采的同时，别太在意别人，不要为别人的言语、行动、思想所左右，一定要做自己，不要在别人的言行思想中迷失了自我。所以，要学会运用个性心理学，别太在意别人，否则你只会迷失自己。坚持走自己的路，让别人去说吧。在自我个性中描绘具有特色的生活画卷，会让你的生活渲染出无穷的色彩。

相信自己的眼睛，坚持自己的信念

波兰有句谚语："自己的一只眼睛，胜过别人的一双眼睛。"这句话的意思是说，以自己的眼睛，去确定事实真相。自己为主，别人为辅。

任何一件事情，可以说都有两个以上的观点存在，但是我们常常很难完全看清这件事情的全貌，只能从某个角度看到部分真相。看待问题的角度不同，就会形成不同的观点，也会存在观点冲突。为了获得真知，为了做对事情，有必要多听听别人的意见，这样就可以对事情的真相了解得更多。

但是，完全听从别人的观点，没有自己的主见，就会无所适从，失去自己。所以，既要在别人的观点中博采众长，也要相信自己的眼光和判断。

世上没有绝对的东西，每一件事也因个人衡量的标准、立场不同，而改变其价值。因此，要善于利用自己的双眼，别人的判断并不能代表你的思想。个性心理学告诉我们，要相信自己的眼睛，不要被别人的危言所吓倒。

琴纳是英国医师。他在二百多年前，经过实验，证实用牛痘接种可以使人免除天花。这一结论，在当时遭到多方面的强烈反对。有人说他亵渎神明；有人指责他把人当牲口；有人提议剥夺

超 级 心 理 学

他行医的权力；有人提议把他开除出医学会。但琴纳不理会这些世俗的偏见和恶意的攻击，坚信自己的结论是正确的。他说："让人家说去吧，我走我的路！"事实最终证明了他的科学结论。就这样，琴纳靠着自信，打开了免疫学的大门，并因此拯救了无数人的生命。

琴纳相信自己已经找到了可以免除天花的方法，所以他坚决地进行着自己的实验，坚信自己理论的正确性。他无视他人的威胁，不被他人的危言所吓倒，正是这样的一种执着精神，才使得我们人类在今天能避免天花的危害。

通常情况下，庸人的做法是常常被别人的危言吓倒，本来事实就在眼前，但是却已经不再相信自己的眼睛了，这样势必会影响自己在已经确定好的正确的人生道路上前进。作为21世纪的人才，我们必须运用好个性心理学，要相信自己的眼睛，明辨是非曲直，不被别人的言行左右。

有位护士刚从学校毕业在一家医院实习，在实习期间若能让院方满意，便可获得一份正式工作。一天，有位因车祸而生命垂危的病人需要手术，这位实习护士被安排做外科手术专家、院长亨利教授的助手。当手术结束完，患者伤口即将缝合时，这位护士突然严肃地对院长说："亨利教授，我们用了12块纱布，可是您只取出了11块。"院长不屑一顾地回答说："我已经全部取出了，不要多说，立即缝合。""不，"这位护士高声抗议道，"我们确实用了12块纱布。"院长对此不加理睬，命令道："听我的，准备缝合。"这位实习护士听到后，几乎大叫起来："你是医生，你不能这样做！"直到这时，院长冷漠的脸

· 84 ·

上才浮出一丝微笑。他举起手心里握着的第 12 块纱布，高声宣布道："她是我最合格的助手。"

很多时候，我们之所以会不坚持自己的看法，其实是因为自己对那个看法还没有经过严密的验证。一般情况下，权威会影响一个人对某个问题的看法，而我们也大都会最终服从于权威，但那个护士却毫不畏惧，坚持自己的意见，这份勇气实在让人敬佩。这是一种职业道德的选择，但更是一种对人类理性的坚守。是的，假如对自己的看法有十足的把握，那又怎会因为别人的几句话就动摇了呢？

在我们的人生路上，总是有这样那样的言论在威慑着我们，如果我们从此被吓倒，从此不再运用自己的眼睛去严谨地观察的话，那我们永远不能发现我们生命中的闪亮点。要想有所成就，就要相信自己的眼睛，相信自己的所见，用我们的智慧观察和分析自己的人生，不以别人的危言所影响，在生命的进程中把握住自己的方向。

只有自己的眼睛才是最真实的，因为它从不会蒙骗自己。用眼睛看是主动的行为，用耳朵听常常是被动的行为。在我们的成长过程中，总不免被各种各样他人的言论所左右，而影响着我们对外界事物的判断能力，影响着我们对人生方向的抉择。但是眼睛却能让我们捕捉到最深处的细节，在我们智慧的分析下发现事情的真相。

在当今这个光怪陆离的社会，我们需要的是睿智的双眼和冷静的头脑，而不是他人的危言，智慧的现代人要运用好个性心理学，用一双慧眼冷静地看待周围的一切，继而分析出自己前进的方向和路径。个性心理学是教会你相信自己的眼睛,用眼睛瞄准自己前进的道路。运用个性心理学的智慧力描绘多彩人生,渲染你的命运彩虹,让那些对你危言的人和你一起见证你未来丰富瑰丽的美好人生吧!

自尊不可放弃，傲骨不能丢失

自尊者必自重，自重者必自爱。"人以礼敬为先，树以枝叶为圆"。"以礼敬为先"能够换来别人的以礼相待，"以自尊为先"同样能赢得他人的尊重。学高为人师，身正为人范。一个不尊重自己的人，怎么能得到别人的尊重和信任呢？一个不值得人尊重和信任的人，也不会有人愿意去与之交往和共事。不自尊，必然影响自己在他人心目中的形象，也必然影响他们的长远发展。个性心理学让我们不要放弃自尊，否则你将一文不值。

对人来说，最重要的东西可以说就是尊严。在遇到困难和挫折时，自尊自信的人能够奋发向上，自强不息，征服挫折和失败，在挫折与失败中获得成功。而丧失自尊的人，当遇到困难和挫折时，往往自暴自弃、自轻自贱。缺乏自信的人，在遇到困难和挫折时，首先想到的是自己不行了，从而放弃了努力奋斗。所以说，没有自尊、自信的人，是不可能在事业上取得成功的。

自尊要讲原则。做人有做人的立场，处事有处事的原则，没有立场，没有原则，就等于没有自尊。荣辱不分、是非不清、美丑不分、曲直不辨，不可能做到自尊。富贵不能淫，贫贱不能移，威武不能屈，是基本的人格；规规矩矩办事，堂堂正正做人，是立身之基。

自尊还需要有涵养。自尊不是骄慢，不是狂傲。据说有一次，大诗人歌德在公园散步，在一条狭窄小路上迎面碰到一个曾把他骂得一钱不值的批评家。批评家傲慢地对歌德说："我没有给傻瓜让路的习惯！"歌德却笑了笑，侧身让到一边说："我正相反。"一触即发的一场争吵，让歌德以良好的涵养轻而易举地避免了。歌德的自尊不但没有丝毫的降低，反而得到世人的颂扬。

自尊是让别人尊重你的重要前提，自尊是一个人的道德修养的具体体现，自尊是一个人的内心素质的最好表达。自尊给我们带来的不仅仅是别人对自己的尊重，更是让自己峰回路转的难得的成功元素。自尊不但是一个人做人的原则和素养，也能改变一个人的命运。

1914 年冬天，美国一个小镇迎来了一群流亡者，好心的人们给这些流亡者送去食物，他们个个狼吞虎咽。但当镇长把食物送到一位年轻人面前时，这个饥肠辘辘的流亡者问："吃您这么多东西，您有什么活儿需要我干吗？我不能白拿您的东西！"

镇长想想说："等你吃过饭，我再给你派活儿。""不，干活儿之后我再吃东西！"年轻人坚定地回答。20 年后，这个年轻人成了亿万富翁，他就是美国赫赫有名的石油大王哈默。

"别看他现在一无所有，可他百分之百是个富翁，因为他有自尊。"这是镇长对哈默最恰当的概括。的确，是自尊赐予了哈默一副倔强不屈的傲骨，自尊同样给了他无尽的精神和物质财富。

一个人的心灵世界是靠尊严支撑的。不怕没有钱，就怕没有尊严。尊严可以改变一个人的命运，所以无论在任何状况下，我们都不能放弃自尊，否则我们将一文不值。同样，尊重别人也是维护自己的自尊。

一位女佣住在主人家附近一片破旧平房中的一间。她是单亲母亲，独自带一个4岁的男孩。每天她早早帮主人收拾完毕，然后返回自己的家。主人也曾留她住下，却总是遭到她的拒绝。因为她是女佣，她非常自卑。

那天，主人要请很多客人吃饭。客人们个个光彩照人。主人对女佣说，今天您能不能辛苦一点儿，晚一些回家。女佣说当然可以，不过我儿子见不到我，会害怕的。主人说，那您把他也带过来吧，不好意思，今天的情况有些特殊。那时已是黄昏，客人们马上就到。女佣急匆匆地回家，拉了自己的儿子就往主人家里赶。儿子问，我们要去哪里？女佣说，带你参加一个晚宴。

4岁的儿子并不知道，自己的母亲是一位佣人。

女佣把儿子关进了主人的书房。她说，你先待在这里，现在晚宴还没有开始。然后女佣进了厨房，做菜、切水果、煮咖啡，忙个不停。不断有客人按响门铃，主人或者女佣跑过去开门。有时，女佣进书房看看，他的儿子正安静地坐在那里。儿子问，晚宴什么时候开始？女佣说，不急，你悄悄在这里待着，不要出声。

可是，不断有客人光临主人的书房。或许他们知道男孩是女佣的儿子，或许并不知道。他们亲切地拍拍男孩的头，然后自顾翻看着主人书架上的书，并对墙上的挂画赞不绝口。男孩始终安静地坐在一旁，他在急切地等待着晚宴的开始。

女佣有些不安。到处都是客人，她的儿子无处可藏。她不想让儿子破坏聚会的欢乐气氛,更不想让年幼的儿子知道主人和佣人的区别,富有和贫穷的区别。后来她把儿子叫出书房,并将他关进主人的洗手间。主人的豪宅有两个洗手间,一个供主人用,一个供客人用。她看看儿子,指指洗手间里的马桶。"这是单独为你准备的房间,"她说,"这是一个凳子。然后她再指指大理石的洗漱台,这是一张桌子。"她从怀里掏出两根香肠,放进一个盘子里。"这是属于你的,"她说,"现在晚宴开始了。"

盘子是从主人的厨房里拿出来的,香肠是她在回家的路上买的,她已经很久没有给自己的儿子买过香肠了。女佣说这些时,努力抑制着泪水。没办法,主人的洗手间是房子里唯一安静的地方。

男孩在贫困中长大,他从没有见过这么豪华的房子,更没有见过洗手间。他不认识抽水马桶,不认识漂亮的大理石洗漱台。他闻着洗涤液和香皂的淡淡香气,幸福得不能自拔。他坐在地上,将盘子放在马桶上。他盯着盘子里的香肠和面包,为自己唱起快乐的歌。

晚宴开始的时候,主人突然想起女佣的儿子。他去厨房问女佣,女佣说她不知道,也许是跑出去玩了吧。主人看着女佣躲闪的泪光,就在房子里静静地寻找。终于,他顺着歌声找到了洗手间里的男孩。那时男孩正将一块香肠放进嘴里。他愣住了。

他问,你躲在这里干什么?男孩说,我是来这里参加晚宴的,我现在正在吃晚餐。他问,你知道这是什么地方吗?男孩说,这是晚宴的主人单独为我准备的房间。他说,是你妈妈这样告诉你的吧?男孩说,是的,其实不用妈妈说,我也知道,晚宴的主人一定会为我准备最好的房间。

不过，男孩指了指盘子里的香肠，我希望有个人陪我吃这些东西。

主人的鼻子有些发酸，用不着再问，他已经明白了眼前的一切。

他默默走回餐桌前，对所有的客人说，对不起，今天我不能陪你们共进晚餐了，我得陪一位特殊的客人。然后，他从餐桌上端走了两个盘子。他来到洗手间的门口，礼貌地敲门。得到男孩的允许后，他推开门，把两个盘子放到马桶盖上。他说，这么好的房间，当然不能让你一个人独享，我们将一起共进晚餐。

那天他和男孩聊了很多。他让男孩坚信，洗手间是整栋房子最好的房间。他们在洗手间吃了很多东西，唱了很多歌。不断有客人敲门进来，他们向主人和男孩问好，他们递给男孩美味的苹果汁和烤得金黄的鸡翅。他们露出夸张的表情，后来他们干脆一起挤到小小的洗手间里，给男孩唱起了歌。每个人都很认真，没有一个人认为这是一场闹剧。

多年后男孩长大了，他有了自己的公司，有了带两个洗手间的房子。他步入上流社会，成为富人。每年他都要拿出很大的一笔钱捐助一些穷人，可是他从不举行捐赠仪式，更不让那些穷人知道自己的名字。

有朋友问及理由，他说，我始终记得多年前，有一天，有一位富人，有很多人，小心地维系了一个4岁男孩的自尊。

这个故事很简单，富人的尊重既维护了自己的自尊又保护了孩子的自尊。被维护的自尊竟使得一个年仅4岁的孩子重新树立了自信心，并且通过努力找到了自己的位置，使自尊的价值得以传播。看来，尊重他人很重要，但更重要的是让他人意识到自己的自尊价值。

要知道，一个人的价值体现，不但是你本身所具有的才能，还需要更为重要的自尊。自尊的价值不是以金钱来衡量的，因为这是金钱所无法衡量的。要想让自己的人生更有价值，让自己这个人更有价值，你就必须拥有自尊的品质，这不仅是成功做人的必要素质，更是让你人生成功的点金术。

在我们的人生中总会遇到林林总总的困难和挫折，遇到这些并不可怕，可怕的是我们在困难和挫折面前放弃了自尊。如果一个人没有了自尊，那何谈有意义的人生呢？要记住，人生路上的所有成败都需要我们用自尊来谱写，谱写个性化的人生画卷，渲染我们个性化的生活色彩。

要乐于接受批评

俗话说，良药苦口利于病，忠言逆耳利于行。但人往往都是喜欢被人夸奖的，很少有人喜欢被别人批评。有时，别人的批评不是对我们个人本身的不满，而是对我们做事或是对人态度的不满，他们的批评是对我们做事的建议，并不是无中生有的挑剔。善意的批评可以让我们知道自己存在着哪些不足和缺点，以便能逐步弥补和改掉它们，从而使自己不断完善。

西方谚语说："恭维是盖着鲜花的深渊，批评是防止你跌倒的拐杖。"听惯了夸赞之词的人常常狂妄自大，只有虚心接受批评的人，才能改正缺点，提升自己。所以，我们必须养成虚心接受批评的习惯。

据法国心理学家高顿教授的一项专题研究证实，一个人如果从来没挨过批评，身边总是表扬声、赞美声，那么他一定会变成一个"糊涂的脆弱者"。他就不知道什么是对的，什么是错的，什么是自己的长处，什么是自己的缺点。他就不知道怎样扬长避短，怎样发展自己。同时，他会变得更柔弱，难以承受任何的外力和打击。

有一位香皂推销员，主动要求人家对他提出批评。当他开始为高露洁推销香皂时，订单接得很少，他担心自己会失业。他确信产品或价格都没有问题，所以问题一定是出在自己身上。因此每当他推销失败时，他会在街上走一走，想想什么地方做得不对，是表达得不够有说服力，还是热忱不足？有时他会折回去问那位商家："我不是回来卖给你香皂的，我希望能得到你的意见与指正。请你告诉我，我刚才什么地方做错了？你的经验比我丰富，事业又成功。请给我一点指正，直言无妨，请不必保留。"他这个态度为他赢得了许多友谊以及珍贵的忠告，后来他升任高露洁公司的总裁。

由此看来，批评对一个人的成功起着重要的作用。所以，任何人都要乐于接受批评。比尔·盖茨认为，一个人无论什么时候都要虚心接受批评，尤其是成长中的年轻人。然而不同的是，有的人刚愎自用，受不得半句批评；有的人虚怀若谷，有批评必一概采纳；有些人当面千恩万谢地接受，转个身却忘得一干二净；有的人当面硬不认错，死要面子，背地里却能小心地检讨。

美国著名诗人惠特曼这样说："难道你的一切只是从那些羡慕你，对你好，常站在你身边的人那里得来的吗？从那些批评你，指责你的人那里，你学来的岂不是更多？"所以，我们不要害怕别人批评你，而要勇于接受批评，欣然接受批评。

不过，接受批评，这是一种最难培养的习惯。所以，如果有人批评你，这时不要先替自己辩护。事实上，没有人喜欢挨批评。在内心深处，我们都明白，批评是提高业绩，了解实情并避免灾难性决定的关键，但这是件痛苦的事。提出批评需要勇气，而接受批评则需要更大的勇气。能在事后感谢批评者的人，就是非常伟大的了。

那么，面对批评我们应该持什么样的态度呢？答案很简单，虚心地接受，小心地选择，衷心地采纳。

李特尔是 18 世纪德国地理学的开创人之一，他慷慨地提拔年轻的批评者——弗勒贝尔的故事是感人至深的。李特尔非但不嫉恨和打击这位鲁莽的批评者，反而把他的批评文章推荐给一家著名的学术刊物，而且他本人还在公开发表的评论里，对这位青年学者的"敏锐头脑"和"真挚思想"大加赞扬。后来弗勒贝尔来到柏林，李特尔还热情接待，为他安排当时他极为需要的工作。一位受人尊敬的学术权威，如此对待一位毫不客气地批评他的后生，真的值得我们学习。

总之，让我们认真坦然地面对批评吧。接受批评才能提高自己，才能锻炼自己。

第五章

挫折心理学：顽强、无畏、拼搏

◇ 苦难让生活更绚烂
◇ 无畏让挫折变得渺小
◇ 挑战失败，只需要勇敢地再迈出一步
◇ 吸取失败的教训
◇ 用顽强无畏做自己的精神支柱

苦难让生活更绚烂

人生是一条漫长的旅途。有平坦的大道，也有崎岖的小路；有灿烂的鲜花，也有密布的荆棘。在这段旅途上，每个人都不免遭受挫折，而生命的价值就是坚强地闯过挫折，冲出坎坷，将荆棘踏成平坦之路。

生活中如果都是顺利没有挫折，那将是平淡无奇的；生活中如果都是香甜，那岂不是单调。生活中只有酸甜苦辣咸五味俱全，才能使我们生活得有滋有味，而唯有苦难才能够调剂出生活的真正滋味。

苦难对于人会产生不同的效果：一种是对生活艰辛的消极埋怨，一种是对生活的珍惜。在苦难中生存过的人，往往会对生活心存感激，他们会把它当作是一笔巨大的精神财富，让他那净化了的心灵在喧嚣尘世中得以喘息。苦难的磨炼对于人的意志是一种考验，它会让人迅速成长，对生活产生不同的理解。

诺贝尔生物学和医学奖获得者巴雷尼就是在历经磨难的人生中成为科学巨人的。

巴雷尼出生于奥地利维也纳，父亲是一名小职员，终日为生活奔忙。在家里的6个孩子中，巴雷尼是老大。从幼年起，巴雷尼就饱尝生活拮据的苦。

更为不幸的是，他患上了骨结核。由于得不到很好的治疗，他的膝关节永远僵硬了，小小年纪便落下残疾。幼小的巴雷尼无法接受这个现实，但此时，母亲来到巴雷尼的病床前，拉着他的手说："孩子，妈妈相信你是个坚强的男子汉，希望你能用自己的双腿，在人生的道路上勇敢地走下去，好吗？"

听了母亲的话，巴雷尼的心中一下子充满了无比的勇气，他以坚定的眼神告诉母亲，他一定能够战胜自己。

从那天开始，母亲每天都会抽出时间来帮巴雷尼练习走路，做体操，常常累得满头大汗。有一次，母亲得了重感冒，但她仍然下床按计划帮助巴雷尼练习走路。就这样，巴雷尼的病情终于因体育锻炼而得到控制。母亲的榜样作用，更是深深教育了巴雷尼，他终于经受住了命运给他的严酷打击。他刻苦学习，成绩一直在班上名列前茅。最后，他以优异的成绩考进了维也纳大学医学院，他决心要成为一代名医，用高超的医术去解救千千万万像他这样残疾孩子的痛苦。大学毕业后，巴雷尼以全部精力致力于耳科神经学的研究，最终成为 1914 年诺贝尔生理学和医学奖获得者。

在世界科学史上，有这样一位伟大的科学家：他不仅把自己的毕生精力全部贡献给了科学事业，而且还在身后留下遗嘱，把自己的遗产全部捐献给科学事业，用以奖掖后人，让他们向科学的高峰努力攀登。今天，以他的名字命名的科学奖，已经成为举世瞩目的最高科学大奖。他的名字和人类在科学探索中取得的成就，一起永远地留在了人类社会发展的文明史册上。这位伟大的科学家，就是世人皆知的瑞典化学家阿尔弗雷德·伯恩哈德·诺贝尔。

诺贝尔1833年出生于瑞典首都斯德哥尔摩。他的父亲是一位颇有才干的机械师、发明家，但由于经营不佳，屡受挫折。后来，一场大火又烧毁了全部家当，生活完全陷入穷困潦倒的境地，靠借债度日。父亲为躲避债主离家出走，诺贝尔的两个哥哥在街头巷尾卖火柴，以便赚钱维持家庭生计。由于生活艰难，诺贝尔一出世就体弱多病，身体不好使他不能像别的孩子那样活泼欢快，当别的孩子在一起玩耍时，他却常常充当旁观者。童年生活的境遇，使他形成了孤僻、内向的性格。

诺贝尔的父亲倾心于化学研究，尤其喜欢研究炸药。受父亲的影响，诺贝尔从小就表现出顽强勇敢的性格。他经常和父亲一起去实验炸药，几乎是在轰隆轰隆的爆炸声中度过了童年。

诺贝尔到了8岁才上学，但只读了一年书，这也是他所受过的唯一的正规学校教育。到他10岁时，全家迁居到俄国的彼得堡。在那里，由于语言不通，诺贝尔和两个哥哥都进不了当地的学校，只好请了一个瑞典的家庭教师，指导他们学习俄、英、法、德等语言。体质虚弱的诺贝尔学习特别勤奋，他好学的态度，不仅得到教师的赞扬，也赢得了父兄的喜爱。然而到了他15岁时，因家庭经济困难，交不起学费，兄弟三人只好停止学业。诺贝尔来到了父亲开办的工厂当助手，他细心地观察、认真地思索，凡是耳闻目睹的那些重要学问，都被他敏锐地吸收进去。

为了使他学到更多的东西，1850年，父亲让他出国考察学习。两年的时间里，他先后去过德国、法国、意大利和美国。由于他善于观察、认真学习，知识迅速积累，很快成为一名精通多种语言的学者和有着科学思维的科学家。回国后，在工厂的实践训练中，他考察了许多生产流程，不仅增添了许多的实用技术，还熟悉了工厂的生产和管理。就这样，在历经了坎坷磨难之后，没有正式学历的诺贝尔，终于靠刻苦、持久的自学，逐步成长为一个科学家和发明家。

苦难，不是失败的理由，只有在大风大浪中依然扬帆启航的小船，才能到达成功的彼岸。当我们经历了大风大浪，那才是真正的成熟。挫折，将使我们更有出息，将更有利于我们的成长。挫折是我们生活中的苦味，有了这种苦难的味道，生活才能变得更美好。

无畏让挫折变得渺小

德国有一句谚语："树木结疤的地方，也是树干最坚硬的地方。在大自然中，树木饱受风吹雨打，树干、树枝会倾倒，会折断，但还是有机会愈合，有机会继续生长下去。曾经被折断的地方，虽然比其他地方难看，但这些部分同时也是这棵树最坚硬、最有力的地方，可靠地支撑着整棵树继续成长，向高空发展。"我们现实生活中的挫折也是如此。事实上，挫折很小，只是畏惧放大了它。

面对困难与挫折，我们要勇敢地面对，才能最终克服困难，迎来胜利。当挫折遇到的是一个勇敢的人，那它就会显得非常小，而如果是一个胆小怯懦的人，那这原本很小的挫折就会被放大，从而被挫折压倒。所以，我们要用挫折心理学的哲言面对我们人生中的种种挫折。

著名化学家格林尼亚教授，曾走过一段曲折的道路。少年时代，由于家境优裕，加上父母的溺爱，使得他没有理想，没有志气，整天游荡。可是好景不长，几年后他家彻底破产，一贫如洗，昔日的朋友都离他而去，甚至连女友也当众羞辱他。从此，他醒悟了，开始发愤读书，立志追回被浪费的时间。9 年以后，他研制出格氏试剂，获得了诺贝尔化学奖。

法国画家约翰·法郎索亚·米勒，年轻时的作品一幅也卖不出去，他陷在贫穷与绝望的深渊里。后来，他迁居乡间。虽然他仍未能摆脱贫困的厄运，但是并没有停止作画，从此，他的画更多地表达美丽的大自然和淳朴的农民。其中《播种》《拾落穗》等作品，还成为美术画廊上的不朽之作。如果他没有那种不离不弃、奋勇前进的精神，也许永远都不会诞生出不朽之作。

著名作家高尔基从小就饱尝人间的辛酸，但即使做活累得腰酸背痛，也不肯放弃读书，还常常在老板的皮鞭下偷学写作，终于成为著名的作家。

美国的大发明家爱迪生，小时候家里买不起书，买不起做实验用的器材，他就到处收集瓶罐。一次，他在火车上做实验，不小心引起了爆炸，车长甩了他一记耳光，他的一只耳朵就这样被打聋了。生活上的困苦，身体上的缺陷，并没有使他灰心，他更加勤奋地学习，终于成了举世闻名的科学家。

从以上这些成功者的经历来看，挫折对于他们好像并不是什么灾难。当挫折面对畏惧的时候，就会被放大到无限大，但是当面对勇敢的时候，将会被缩小到无限小。

1983年，伯森·汉姆徒手登上纽约帝国大厦，在创造了吉尼斯纪录的同时，也赢得了"蜘蛛人"的称号。美国恐高症康复协会得知这一消息，致电"蜘蛛人"汉姆，打算聘请他做康复协会的心理顾问，因为在美国，有数万人患有恐高症，他们被这种疾病困扰着，有的甚至不敢站在椅子上换灯泡。

伯森·汉姆接到聘书后，打电话给协会主席诺曼斯，让他查一查他们协会里第 1042 号会员的情况。这位会员的资料很快被调了出来，他的名字叫伯森·汉姆，就是"蜘蛛人"自己。原来，这位创造了吉尼斯世界纪录的高楼攀登者，本身就是一位恐高症患者。

诺曼斯对此大为惊讶。一个站在一楼阳台上都心跳加快的人，竟然能徒手攀上 400 多米高的大楼，这确实是个令人费解的谜，他决定亲自去拜访一下伯森·汉姆。

诺曼斯来到费城郊外伯森·汉姆的住所。这儿正在举行一个庆祝会，十几名记者正围着一位老太太拍照采访。原来伯森·汉姆 94 岁的曾祖母听说汉姆创造了吉尼斯纪录，特意从 100 公里外的葛拉斯堡罗徒步赶来，她想以这一行动，为伯森·汉姆的纪录添彩。

谁知这一异想天开的想法，无意间竟创造了一个百岁老人徒步百里的世界纪录。

《纽约时报》的一位记者问她：当你打算徒步而来的时候，你是否因年龄关系而动摇过？老太太精神矍铄，朗朗地笑着说：小伙子，打算一气跑一百公里也许需要勇气，但是走一步路是不需要勇气的，只要你走一步，接着再走一步，然后一步再一步，100 公里也就走完了。

恐高症康复协会主席诺曼斯紧接着问伯森·汉姆：你的诀窍是什么？伯森·汉姆看着自己的曾祖母说：我和曾祖母一样，虽然我害怕 400 多米高的大厦，但我并不恐惧一步的高度。所以，我战胜的只是无数个"一步"而已。

所以说，困难只能吓倒懒汉、懦夫，而胜利永远属于勇于攀登高峰的人们。的确，成功的基础是敢于面对挫折，敢于面对挫折的收获就是成功。挫折其实很小，是畏惧把它放大了。

　　让我们勇敢地面对挫折，那就一定会走出一条成功的人生道路。

挑战失败，只需要勇敢地再迈出一步

每个人都渴望成功，每个人都希望自己是一个成功者，然而事实上，成功者只是少数，多种人只能过着极其普通的生活。每个人活着都要承受属于自己生命的那份压力和责任，无论有多难，都要相信自己可以战胜自己。

对待失败要持正确健康的态度，不要恐惧失败，要懂得失败乃是成功的必经之路。俗话说失败乃成功之母，如果我们在失败面前止步，那么，就注定不会走向成功。

有科学家做过这样的试验，用一块玻璃挡在蚂蚁来回奔跑的路上，当蚂蚁顺着玻璃往上爬，爬到快要越过玻璃的时候，就轻轻地将它拨弄下来，这样往返地折腾上百次，可每次当它从玻璃上摔下来之后，它仍然会沿着玻璃继续攀登。

在蚂蚁的意识中，它们从来不知道什么叫灰心，什么叫气馁。它们只知道周而复始地进行拼搏，进行劳作。即使因为客观的原因，一次次失败了，它们也从来不会在困难面前低头。因为，它们只把失败当作一个过程，而不是当作一个结果。所以，失败对于它们来说，就像通往成功的一条必经之路，无所谓灰心，也无所谓气馁。

用蚂蚁面对失败时的心态面对人生，那么不慎跌倒并不表示永远的失败，唯有跌倒后，失去了奋斗的勇气才是永远的失败。我们若以平常心观之，失败本身也就不足为奇。一个人若没有经历失败，他就难以尝到人生的辛酸和苦涩，难以认识到生命的底蕴，也就不可能进入真正宁静祥和的境界。

面对失败，你是气馁当逃兵，还是奋起，继续勇敢地去追求？这对每个人来说都是很大的考验。我们很多人，在工作中一遇到挫折就偃旗息鼓，这其实就是缺乏进取意识。事实上，一个人的潜力是无限的，只要你愿意发挥，积极进取。

保罗·高尔文是个身强力壮的爱尔兰人。13岁时，他见别的孩子在火车站月台上卖爆玉米花，他不由得被这个行当吸引了，也一头闯了进去。但是他不懂得，早已占住地盘的孩子们并不欢迎有人来竞争。为了让他懂得这个道理，他们抢走了他的玉米花，把它们全部倒在街上。

第一次世界大战以后，高尔文从部队复员回家，他在威斯康星办起了一家电池公司。可是无论怎么卖劲折腾，产品依然打不开销路。有一天，高尔文离开厂房去吃午餐，回来却见大门上了锁——公司被查封了，高尔文甚至不能进去取出他挂在衣架上的大衣。

1926年，他又跟人合伙做起收音机生意来。当时，全美国估计有3000台收音机，预计两年后将扩大100倍。但这些收音机都是用电池作能源的，于是他们想发明一种灯丝电源整流器来代替电池。这个想法本来不错，但产品还是打不开销路。眼看着生意一天天走下坡路，他们似乎又要停业关门了。

此时，高尔文通过邮购销售的办法招揽了大批客户。他手里一有钱，就办起了专门制造整流器和交流电真空管收音机的公司。可是没出 3 年，高尔文依然破了产。

这时他已陷入绝境，只剩下最后一个挣扎的机会了。当时他一心想把收音机装到汽车上，但有许多技术上的困难有待克服。

到 1930 年年底时，他的制造厂账面上已净欠 374 万美元。在一个周末的晚上，他回到家中，妻子正等他拿钱来买食物、交房租，可他摸遍全身只有 24 块钱，而且全是赊来的。然而，高尔文并没有停止奋斗，经过多年的不懈努力，高尔文终于成了腰缠万贯的富翁。他盖起的豪华住宅，就是用他的第一部汽车收音机的牌子命名的。

通向成功之路并非一帆风顺，总会遭受很多挫折和失败，成功的关键在于能否屡败屡战。要相信，有失才有得，有大失才能有大得。当你似乎已经走到山穷水尽的时候，离成功也许只有一步之遥了。

在人生的旅程上，有谁是一帆风顺的呢？又有谁不是历尽了不计其数的坎坷才苦尽甘来呢？成功是建立在无数次失败之上的，没有那数不尽的经验总结，成功从何而来？所以我们要运用挫折心理学，学会在失败中寻找成功的机会，不能在失败面前低头。

吸取失败的教训

在人生之路上前行，不可避免地会遭遇失败，但没有前面的失败就不会有以后的成功。我们在面对失败的时候，要懂得总结失败的教训，而不是一味地让失败打倒。所有的失败都是一种成功的经验，是我们很好的人生历程中的金矿。我们要智慧地运用挫折心理学，做下失败的标记，不在同一件事上跌倒。

人们常常对失败有很大的曲解，很多人面对失败只是懊丧和气恼。其实，如果真正认识到了失败，就能找出失败的理由，从而避免以后相同的失败再次来临。

失败有两层真实的含义：第一，失败只是暂时的不成功，只是成功路上的必经挫折，每一次挫折都给我们一个经验，让我们找到一个个成功的法则，奠定成功的基石，于是成功指日可待；第二，失败告诉我们的是应该放弃什么，放弃该放弃的，才有精力去得到应得的，这是人生的转折信号。失败能让我们及时调整人生的航向，驶向人生最美的港湾，谱写人生新的篇章。由此可见，面对失败，我们最重要的是找到失败的原因，吸取教训，不再犯同样的错误。

美国有一个叫罗伯特的人，用几年的时间收集了7万多件"失败产品"，然后创办了一个"失败产品陈列室"，并一一配上了言简意赅的解说词。这一展览给我们以真实深切的警示。其实,失败并不可怕,重要的是如何面对失败。如果从失败中吸取教训,那么失败在一定程度上也算是成功。

一位雕塑家得到一块质地上等的大理石,他拿凿子敲下一块碎屑后,立即停下来,经过思索,他决定放弃雕塑。后来,雕塑家米开朗琪罗得到这块大理石,并把它雕刻成旷世杰作——大卫像。细心的观赏者指出大卫背上的一道明显的伤痕,为其不能百分之百地完美而惋惜。米开朗琪罗纠正道:"那位先生的雕刻和放弃都是极其认真的,留下的那块伤痕,无时无刻不在提醒我,让我的每一刀、每一凿都千百倍地细心,不能有丝毫的疏忽大意。"

米开朗琪罗道出了他获得成功的秘诀——吸取失败的教训,认真做好每一件事。其实,失败的教训是我们学习和借鉴的经验,可使我们避免重蹈覆辙,更好地走向成功。

成功的道路上不乏失败者,没有哪件事是唾手可得的,即使付出了艰辛的努力,但或者由于经验和知识的不足,对事物认识上的缺陷,或因客观条件的限制,也难免会造成失败。所以,只有善于总结失败的教训,冷静思考,分析失败的原因,从中找到失败的症结,才会使自己"吃一堑、长一智",为成功奠定基础。

1945 年,有一位 21 岁的匈牙利青年,身上只带了 5 美元到美国闯天下,20 年后,他成为百万富翁。他曾经非常自豪地说:"我没有做过一笔赔钱的交易,也没有一次失败的经营。"他就是罗·道密尔。一个在美国工艺品和玩具业富有传奇性的人物。那么,他是怎样取得成功的呢?下面的例子很能说明问题。

在 20 世纪 50 年代时，道密尔买下了一家濒临倒闭的玩具公司。当时他发现成本太高是这家玩具工厂失败的主要原因，于是他决定提高产量以降低成本。道密尔规定，凡是制作工人所用的工具、材料，都一定要放在最顺手的地方，要用时，一伸手就可以拿到。这样一来，操作机器的工人，不必再为等材料、找工具耽搁，无形中节省了很多时间。

他的另外一个规定是：在工作中，不准吸烟，但每隔一个半小时，准许全体工作人员休息 15 分钟。因为他发现叼着烟工作，进度非常慢，而且有很多人借抽烟来偷懒。

这两项规定执行以后，在机器没有增加、人员减少的情况下，产量却增加了 50%。

有人曾经问道密尔，为什么总爱收购一些失败的企业来经营，道密尔的回答很妙："别人经营失败的生意，接过来后很容易找出失败的原因，因为缺陷比较明显，只要把那些缺点改正过来，自然就赚钱了。这要比自己从头做一种生意省力很多，风险也小得多。"

道密尔的高明之处就是善于总结前人失败的原因，让自己以后的经营不再犯同样的错误，这样就会避免失败。有智慧的人不会犯同样的错误，因为一次错误已经足以使他接受教训了，而且这一次的失败会成为他今后人生之路上的重要标记。有了这个重要的标记，就不会再走错误的路，就会走向成功的正确道路。对失败做标记对于我们做人是非常重要的，能避免让我们在同一件事上跌倒。吃了一次失败的教训就要永远记住，聪明的人不会让自己犯同样的错误。

　　真正的智者就是能够在他人与自己的失败经历中发现成功的机缘和成功的经验。无论我们在人生路上面对多少次失败，重要的是不要气馁，而要善于运用挫折心理学中的哲理，做下失败的标记，不在同一件事上跌倒。在失败中总结经验，这一次的失败就是下一次的成功基石，就是下一次成功的希望。

用顽强无畏做自己的精神支柱

我们每个人都渴望成功，但是在奋斗的过程中，我们会遇到很多挫折和艰难险阻，有时这些困难甚至会让我们丧失继续前进的动力。因此，我们要找到一个精神支柱，在我们遇到挫折的时候，它能够坚定我们的信念，让我们克服困难，赢得胜利。

精神支柱是我们每个人奋斗道路上的灯塔，我们需要它来指引我们前进的方向。

犹太人大卫·布朗出生于1904年。他的父亲经营一间小型齿轮制造厂，几十年一直惨淡经营，仅可以赚取一点生活费。尽管如此，布朗的父亲还是一个头脑清醒的人，他知道自己之所以没有经营好这个制造厂，是因为自己缺少专业的知识和做生意的智慧。因此，他把希望全都寄托在布朗身上。

为此，他严格要求布朗的学习和读书。每逢假日，他就带布朗到自己的齿轮厂参加劳动，与工人们一样艰苦工作，绝无特殊照顾。布朗在工厂里工作和生活了较长时间，熟悉了工业技术的知识。

通过观察，布朗发现当代人对汽车的使用已经普及，预感汽车大赛将会成为人们的一种娱乐方式。于是，布朗决定利用自己在齿轮业务上积累的经验，向赛车生产这个目标奋斗，大力发展赛车。为了不辜负父亲的期望,布朗克服了重重困难,终于成立了大卫布朗公司,不惜重金聘请专家和技术人员搞设计,采用先进的技术设备进行生产。在 1948 年比利时举办的国际汽车大赛中,布朗生产的"马丁"牌赛车夺了魁,大卫布朗公司因此一举成名,订单如雪片般飞来,布朗从此走上了发迹之路。

正是父亲的期望,成了布朗奋斗的精神动力。尽管在创业的道路上遇到了很多困难,但每当想起父亲那信任的眼光,布朗就觉得自己必须努力,必须坚持下去,最终他获得了成功。

的确,人们内心的精神支柱就像空气一样,是生命中不可缺少的动力。没有精神支柱的人就不能成功,就如没有空气的人无法生存一样。

玫琳凯从小就有不服输的精神,她认为男女平等,凡是男人能做到的事情,她都能做到。正是这个理念,一直激励着玫琳凯向前迈进。

退休之前,玫琳凯是"世界礼品公司"的训练主管。20 世纪五六十年代,美国社会对妇女非常歧视,玫琳凯能做到这个职位实在是因为她自己太优秀了。当时女性和男性做同样的工作,薪金却往往只能拿到男性的一半,这令玫琳凯十分愤怒。1963 年,一次出差回来后,她发现自己手下的男助理居然被提升到比她更高的职位上,她十分气愤,辞去了工作。

从做了 25 年的直销岗位上退休后,她决定写下自己 25 年来工作中的种种经历,以此来帮助其他女性在男性主导的商业社会里获得成功。在退休后的一个月里,她坐在厨房的餐桌旁,列出了两份清单,一份记述了以往在公司里发生的各种美好的事情,一份则列举过去数年来自己所遭遇的问题。在完成这些工作之后，不知不觉中她突然发现自己已经规划了一套构成自己公司的市场计划。

于是，她决心发挥自己的最佳能力与男人们一争高下。最初，玫琳凯的资金只有5000美金，在她20多岁的儿子罗杰斯的支持下，玫琳凯女士在达拉斯的一个只有500平方英尺的店面里正式成立了"玫琳凯化妆品公司"。公司从微不足道的5000美元投资起步，如今的全球批发销售额已经超过14亿美元。而且，自成立以来的销售额年平均增长率将近两位数，销售部门在三十几个国家开展业务，美容顾问达到100万人。

可见，精神支柱对一个人很重要，尤其是对于一个面对挫折的人来说更加重要。不管遇到什么挫折，只要精神支柱还在，我们一直奋斗的信念还在，我们就不会倒下，我们仍然能够乐观、勇敢地面对生活。

第六章

识人心理学：阅人、冷静、辨识

◇ 以貌取人是最低级的阅人之术

◇ 学会冷静的审视周围的人

◇ 保持冷静，别让恭维你的人支配你的行动

◇ 擦亮慧眼，识别真伪

以貌取人是最低级的阅人之术

我们都知道的一句古语是，人不可貌相，海水不可斗量。这不但是古人给后人的警句，也是老人们在经历了人生无数阅历之后的至理名言。识人心理学的第一堂课就是告诉我们，人不可貌相，即使是乞丐，也不能得罪。

多年前，房地产销售行业发生过这样一件事。有一个房地产项目是北京一个地段非常好的别墅楼盘。

这一天，因为天气不太好，来看房子的客人根本就没有，于是销售人员们都在大厅里三五成群地聊天。这时候来了一位老人，身上穿着破旧的棉袄，看起来真像一个捡破烂的，没有人去搭理他。其中有一个年轻的小业务员走过去，温和地问这个老人道："老爷子，您想买什么样的户型呀？"

老人家说："哦，我随便看看。"

其他人一听更没有兴趣了，可是这个年轻的业务员却很耐心地给老人讲解每一种户型。这个老人听得也非常认真，等业务员讲解完了，老人道声谢就走了。其他的业务员都说他："哎呀，你别招呼他了，看着就不像能买得起房子的人，赶快过来歇会儿吧。"

可是过了一会儿，这个老人又推开大门进来了，这回手里多了一个大旅行袋，这个旅行袋也是够破的了。

这个年轻的业务员还是笑呵呵地迎上去，把老人迎到沙发那儿坐下，然后又到饮水机那儿倒了杯水给老人。结果，老人说的话让在场所有的人都大吃一惊。只听老人跟这个年轻的业务员说："我买5套，就靠河边的那5套，都一样的户型，我全买下了。这是现钱，你们点点。"

所有的人都不相信自己的耳朵，以为听错了。这个年轻的业务员也谨慎地问这个老人道："老爷子，您真的要买5套?"

老人点点头说道："是啊，我一个老头儿骗你们干什么呀。"

于是业务员把相关的手续文件给老人看，然后把旅行袋拿到财务室去清点。

这回所有的人都相信了这个外表看起来像叫花子一样的老头真是来买房子的。年轻业务员从财务室出来后，走到老人身边，说："老爷子，您干嘛买这么多房子呀。"

老头说："哦，这4套是给我4个孩子的，另一套是我和我老伴儿住的，我们都住到一起，彼此有个照应。"

业务员帮着把所有的手续都办完了，然后把钥匙交给了老人，把老人送出去了，等出去一看，原来门外停着一辆军车，老人上了车之后把车开走了。其他业务员只能羡慕这个年轻的业务员。

这个事实告诉我们，人不可貌相。如果这个年轻的业务员也和其他业务员一样以貌取人的话，那这个老头只好转到别的房地产公司了。当然，业务员也别想拿到5套别墅的提成，连一套也别想拿到。正是这个业务员能保持一颗平常心，无论是怎样身份的客人都一视同仁，所以不但自己得到了数目可观的提成费，也让老人家买到了中意的别墅。可见，只要不以貌取人，就能使双方都受益。

　　然而在现实生活中，正因为人们很难做到保持平常心，所以才会出现各种势利眼的人。

　　数年前，一对毫不起眼的老夫妇，在没有事先约好的情况下，直接去拜访哈佛的校长。校长的秘书看到老太太穿着褪色棉布衣、老先生穿着布制便宜西装，立刻断定这两个乡巴佬根本不可能与哈佛有业务来往。

　　老先生轻声地说："我们要见校长。"秘书很不礼貌地说："他整天都很忙。"

　　老太太说："没关系，我们可以等。"过了几个钟头，秘书一直不理他们，希望他们知难而退，自己走开，可是他们却一直等在那里。秘书终于决定通知校长："也许他们跟您讲几句话就会走开。"校长不耐烦地同意了。

　　校长很有架子，而且心不甘情不愿地面对这对夫妇。

　　老太太说出造访的原因："我们有一个儿子曾经在哈佛读过一年，他很喜欢哈佛，他在哈佛的生活很快乐。但是去年，他出了意外而死亡，所以我丈夫和我想要在校园里为他立一个纪念物。"

　　校长并没有被感动，反而觉得可笑，粗声地说："夫人，我们不能为每一位曾读过哈佛而死亡的人立雕像。那会让我们的校园看起来像墓园一样。"

　　老太太说道："不是，我们不是要竖立一座雕像，我们想要捐一栋大楼给哈佛。"

　　校长仔细地看着他们不起眼的穿着，然后吐一口气道："你们不知道建一栋大楼要花多少钱吗？学校的建筑物要超过750万元。"

　　这时，这位女士沉默不讲话了。校长很高兴，以为总算可以把他们打发了。结果，女士转向她的丈夫说道："只要750万就可以建一座大楼？那我们为什么不建一座大学来纪念我们的儿子？"

　　她的丈夫点头同意。就这样，他们离开哈佛，留下充满遗憾的哈佛校长。他们到了加州，成立了斯坦福大学来纪念他们的儿子。

　　俗眼常常是以貌取人，俗人常常是借貌哄人。企图用金子和面子堆砌真实的人生大厦，其结果都会轰然倒塌，显露的只是自己的无知和可怜。人的价值在于是否有丰富内涵，以貌取人只会自取其辱，只会自己断送即将到手的成功。事实上，往往越是有料的人越在外表上看起来极其普通，越是没料的人越要在外表装样子。如果是有智慧的人，则不会单纯地以外表来判断一个人身份的真伪。如假包换常常隐藏于表面的平凡之中，只有具有慧眼的人才能看出这个人外表后面所隐藏的真实身份。

　　识人心理学告诫我们，人不可貌相，在现实生活中，我们都应该以一颗平常心对待任何人，因为尊重他人就是尊重自己。

学会冷静审视周围的人

人世间的事情千变万化，人的情感更是复杂多端，在纵横交错的复杂人心之中，我们怎样凭借一副智慧的头脑和睿智的双眼识人、断人呢？我们只有运用识人心理学的方法时刻保持冷静的头脑和智慧的双眼，从多角度全方位去审视我们身边所有的人，分析人心，才能够达到有效沟通。这样做才不会断章取义，才不会被某些人的只言片语所蒙蔽，这样才能看到人性现象的本质。

有一次，柏拉图对老师苏格拉底说："东格拉底这人很不怎么样！"苏格拉底问："这话怎么说？"柏拉图说："他老是挑剔你的学说，并且不喜欢你的扁鼻子。"苏格拉底笑了笑，缓缓地说："可我倒觉得，他这人很不错。"柏拉图问："你怎么会这样认为呢？"苏格拉底说："他对他的母亲很孝顺，每天都照顾得非常周到；他对他的老师十分尊敬，对老师从来没有不恭的行为；他对朋友们很真诚，常常当面指出别人的弱点，帮助改正；他对孩子很友善，经常和孩子们在一起做游戏；他对穷人富有同情和怜悯，有一次，我亲眼看见他搜出身上最后一个铜板，丢进了乞丐的帽子里……"

苏格拉底没有从柏拉图的只言片语中断章取义地判断东格拉底，而是用自己的眼睛观察出东格拉底的为人，从更全面更客观的角度了解东格拉底，避免了自己在看人方面的失误，并且同时教育了自己的弟子。

我们平时的为人也应如此，无论是看待一个人还是看待一件事，切不可从几句话中断章取义，从一些人的只言片语中对某人妄下断言，这样很有可能掉到别人设计好的陷阱里。在现在这样一个人精聚集的社会里，我们必须要比别人聪明百倍，才不会让自己做人失败。听话要会听，要集合所有人的话加以综合分析，得出真正的结论。如果只是听到只言片语就盲目地断章取义，结局只能是愚蠢地失败。这种失败是因为自己缺乏综合分析的智慧造成的，因为一棵树丢失了整片的森林。

有这样一个寓言故事：有三头牛在一起生活，在它们不远的地方有一只狮子。狮子很想吃掉它们，可每次当狮子偷袭时，牛总是很团结，狮子根本无法吃掉它们。于是，狮子就下决心去破坏它们之间的友谊。它想把牛分开，这样，就可以慢慢地吃掉这三头牛了。后来，狮子看见三头牛又在一起吃草，有一头牛离它很近，于是就悄悄走到那头牛旁边，对它说："你的同伴说你对它们不好。"牛相信了他的话，非常气愤，于是就走过去问，这时狮子又对另一头牛说："你的同伴说你在它们中间最懒。"牛听了也相信了它的话，于是，也去问那两头牛。接着，三头牛碰到了一起，它们互相吵闹，最后决定分开。这给狮子带来了很好的机会。随后，狮子趁三头牛在独处时，三下两下轻而易举地将它们一个个地吃掉了。

在临死之前，它们后悔地说，当初没看穿狮子的阴谋，不然，我们三头牛也不会落到今天这地步。

　　由此可见，我们不应该相信别人的只言片语，更不应该用听来的只言片语来判断朋友和伙伴。

　　试想，如果我们没有一个敏锐的头脑和一双睿智的眼睛，怎么可能从一个人的只言片语来判断这个人的真正用意？怎么可能识别出这个人的内心呢？有时候，往往是我们自己愚蠢才掉进了别人的陷阱。

　　在残酷的现实社会中，我们要学会不在他人的话语中断章取义，不相信他人的只言片语，要详细地了解前后的情况，全面地加以分析和思考，然后才下决断或评论。如果我们不经过慎重考虑而妄下断言或评论，就会让别人把你的话当作对付你的武器，从而使自己陷于危险当中。

保持冷静，别让恭维你的人支配你的行动

人在社会上行走，不难发现，只要你有点权力，有点有用之处就一定不可避免地被那些有求于你的人所恭维，每到这时候，我们一定要运用好识人心理学的警句：保持冷静，别让恭维之言冲昏你的头脑。

在现实生活中，做女人的不要被男人的恭维之词冲昏了头脑，而就此掉入男人的甜蜜陷阱；做男人的不要被女人的恭维之词冲昏了头脑，而从此被女人玩弄于股掌之中；居高位的人不要被居低位人的恭维之词冲昏了头脑，否则将因为高处不胜寒而导致无法落地；做员工的不要被老板的恭维之词冲昏了头脑，在你因沾沾自喜而犯错的时候，老板仍然会毫不留情地把你开除。

然而，人性的弱点决定了人是最经不住恭维的动物。当一个人听到别人的恭维话时，心中总是非常高兴，脸上堆满笑容，口里连说："哪里，我没那么好，你真是很会讲话！"即使事后回想，明知对方所讲的是恭维话，却还是没法抹去心中的那份喜悦。

喜悦归喜悦，但也要告诫自己在听到别人对自己说恭维话时，万不可认为自己就真的是那样了，其实没准此时对你说恭维话的人在内心里还不知如何鄙视你呢。最好的方法是时刻保持冷

静，不让对方的恭维话冲昏了自己的头脑，扰乱了自己分析判断的能力。也许，恭维你的人都是为了达到他自己的目的，如果你真的相信了他的恭维话，那就真的掉进了人家的圈套里，这终将导致做人失败。

大多数情况下，当别人恭维你的时候，一定是对你有所图的，所以越是这个时候我们越是要保持冷静，千万不能让别人的恭维之词冲昏了头脑，而被人家牵着鼻子走。

美国前总统胡佛曾任美国联邦调查局局长，他为人心计颇多，很少有人能骗过他。他曾规定，联邦调查局的所有特工人员，都必须严格地控制体重，不准超标。那些大腹便便的特工人员都知道，一旦被胡佛局长发现，肯定没有好果子吃。但是也有一次例外，他手下的一名胖特工同他开了一个不大不小的玩笑。

有一天，这名胖特工得知自己将被提拔为迈阿密地区特警队的负责人，任职前胡佛局长要接见他，也就是要当面考查考查他。于是，这名胖特工开始绞尽脑汁地琢磨：我发福得这么厉害，怎么才能顺利通过局长接见这一关呢？功夫不负苦心人。胖特工在被胡佛接见之前，到街上买了一套衣服，号码比平时穿的要大得多。他穿上这套新买的衣服一试，非常满意。因为这给人一种假象，就是减肥卓有成效，至少已经减下四五公斤的分量了。

到了接见的时候，胖特工穿上这身大号衣服去见胡佛，一见面就感谢局长提出的控制体重的要求，他一本正经地说："局长控制体重的指示太英明了！这简直就是救了我的命啊……"

胡佛听得沾沾自喜，仔细端详了一阵，不但没有批评他，反而还连连夸奖，鼓励他继续带头瘦身。就这样，胖特工顺利地过了关，如愿以偿地到新岗位任职去了。胡佛局长知道了事情的真相后，说了一句发人深思的话："谁越喜欢恭维，谁就越可能被恭维者支配。"

在日常工作和生活中，我们有些人会被恭维声包围。在这种情况下，有的人能够保持清醒的头脑，走出恭维的包围圈，有的却被恭维所困扰，甚至在恭维面前栽了跟头。恭维的话好听，但背后却隐藏着许多看不见的东西：有的是真诚善意的赞扬，有的是别有用心的讨好，有的是心怀叵测的奉承……面对不同的恭维意图，我们要用不同的方式来处理，从而使自己的人格免受其影响。

面对恭维你的人，我们不妨一笑而过。美国著名交际家卡耐基曾说："人，天生就喜欢被人恭维，也是最经不住恭维的动物。"在恭维的背后，往往隐藏着某种目的。在与人的交往中，我们总会听到他人的恭维，而那些话，并不一定是发自他们的肺腑，他们或许仅仅是为了讨好你，为了自己的某些利益。那么，如果我们陶醉其中，妄自得意，只会让自己如坠雾里，蒙蔽了自己理智的双眼，分不清是非黑白。而面对恭维最有效的方式就是识人心理学所告诫我们的：面对他人的恭维，要时刻保持冷静，千万不要让恭维之言冲昏了头脑。

擦亮慧眼，识别真伪

俗话说，画虎画皮难画骨，知人知面不知心。对人心的识别，就像《雾里看花》歌中所唱的"借我借我一双慧眼吧，让我把这纷扰看得清清楚楚明明白白真真切切……"面对纷繁复杂的人际社会，我们每个人都必须擦亮慧眼，让自己具备一双能看透人心的慧眼，尽量准确地判断人、识别对方的真伪信息。

现代社会可以说是千变万化，越来越复杂，现实也越来越残酷，竞争也越来越激烈，人心也越来越深不可测。为此，看人识人就显得越发重要。俗话说，成在识人，败也在识人，只有慧眼识人，才能使一个人获得真正的成功与幸福。

事实上，如果我们有辨认的智慧，当然就不用担心被人欺骗，因为假的终归是假的，永远成不了真的。当然，慧眼有时候也会蒙上微尘，进而影响自己的观察及判断分析能力，这时候你需要擦亮自己的慧眼，让它不再蒙尘，重新恢复明亮锐利，用慧眼判断事情的真伪或人的真伪。假的只能被没有智慧的人错认，而没有智慧的人常常将真的也看成假的。所以，要明辨真伪，我们需要一双慧眼。

在现实生活中，看错人是最糟糕的，也是极容易犯的错误，与其在货物的品质上上当，还不如在货物的价格上受骗。与人周旋和与其他的事比起来，更需要慧眼识人、相人，洞悉他人的内心。

我们时时刻刻都要面对一个相当复杂的人群，应该怎样认识他们呢？这就要求我们必须练就一双慧眼，能够准确地识人、相人。

果戈理的小说《钦差大臣》所描写的就是市长等高官不辨真伪，把一个骗子当成了钦差大臣而引出的一系列的丑剧。其实这种情况在我们的生活中比比皆是。所以，我们看人的时候一定要仔细，做到识人于微。

据《玉泉子》一书记载，吕元膺任东都留守时，有位处士常陪他下棋。有一次，两人正对局，突然来了公文，吕元膺只好离开棋盘到公案前去批阅公文，那位棋友趁机偷偷挪动了一个棋子，最后胜了吕元膺。其实吕元膺已经看出他挪动棋子了，只是没有说破。第二天，吕元膺就请那位棋友到别处去谋生。

吕元膺以一棋子认人，可谓识人于微，毫厘不爽。这里面有什么玄奥的道理吗？没有，古人说："不矜细行，终累大德"，"道自微而生，祸自微而成"。一个人的思想素质和道德品质如何，并不一定要等到这个人犯了大错误才显示出来，其实从这个人对很多细小问题的处理上就能有所反映。

识人本应于细微处，但现实生活中仍有不少人忽视这一点，以致犯下用人失察的错误。比如宋朝的蔡京，在王安石执政推行新法时，他积极响应，从而得到王安石的信任和提拔。当王安石失势时，他便很快投身到保守派一边，反对改革。其实蔡京这个人向来就爱耍两面派，而王安石却疏于对其细微处的考察，以致上当受骗。

总之，相人是一门深奥的哲学，必须像研究学问那样深刻地研究人。就像西方心理学家弗洛伊德曾经说过的那样："任何人都无法保守他内心的秘密。即使他的嘴巴保持沉默，但他的指尖却喋喋不休，甚至他的每一个毛孔都会背叛他。"

所以，人就好比一本书，只要我们能够掌握必要的"阅读"方法与技巧，我们是完全可以把人当作书一样拿在手中阅读的。同时，我们也完全可以洞悉人的本性，进而能够用一种热情与自信的态度去面对芸芸众生。

一旦练就了识人的眼力与心力，读懂人性中的真相，具备洞悉人心的本领，也就意味着你可以看透生活中的人与事，勘破一个人的真伪。让我们从一个人的言谈举止中，观人于细致，察人于无形，轻而易举地识别他人，深入细致地了解他人的内心动态，体味人情世故的冷暖，并且能够分辨事情的真伪，比较准确地洞悉隐藏在一切假象后面的真相和奥秘。这样，我们才能够以不变应万变，冷静而坦然地面对各种挫折和磨难。同时，也才能够在纷繁复杂的社会关系中始终把握主动权，左右逢源，一帆风顺，顺利地绕过生活中的险滩，躲过四处碰壁的危境，消除危难，让自己更加从容地融入社会中，游刃有余地应对人生的各种挑战。

识人心理学就是教会我们从一个人的外貌特征、衣着打扮、言谈话语、行为举止、兴趣爱好、生活细节等方面来洞悉他人内心世界的技巧，从而轻松识别他人的本质。同时也让我们的言谈变得更为得体，举止更为大方，处事更为机敏而自信，能够更为洒脱自如地遨游于人生的广阔天地之间，获得生活与事业上的双丰收。

第七章

处世心理学：外圆、内方、主动

- ◇ 圆滑处事是一种处世哲学
- ◇ 做人要有大肚量
- ◇ 背后不说别人的是非
- ◇ 内方外圆要善于自我保护
- ◇ 坚持己见，主动进取

圆滑处事是一种处世哲学

从社会交往能力和适应力的角度看，为人适当圆滑是具有良好的社会交往能力的体现。这样的人往往对所处的环境和他人的感受有着极其敏锐的判断，会根据当时的处境说出在当时最该说的话，做出在当时最该做的事。这种人通常在各个方面都适应得比较好，能够很快投入到一个全新的人际环境当中。

但是，人与人之间的交往说到底还是需要心与心之间的交流的。所以，我们在处事圆滑的同时，一定要记住一个原则：为人诚实，诚信为本。试想，与一个不但在处事上圆滑，而且在为人上也虚伪的人长期交往，怎么能让人感觉放心呢？这种人怎么能交得到真正的朋友呢？

圆滑，是一种处世哲学，虽不高深，却并非人人皆可悟其精义，得其要领。因为处世圆滑不但需要阅历与智慧，更需要一种做人的原则。这就是识人心理学告诉我们的做人之道：原则为人，圆滑处事。

当然，原则为人并不是抛开做事的圆滑方式，而圆滑处事也不是抛开做人的原则，这两个对成功做人缺一不可，不能只取其中的任何一个方面，那样只能使自己偏执一方，而走向两个极端。中国人的做人一向讲究中庸，原则为人同时又能圆滑处事正是这种中庸做人的智慧体现。做人要有自己的原则，不能一味地圆滑，圆滑处事要以原则做人为辅助，或者说二者是同时并存的做人艺术。

德意志的布洛亲王就是在危急时候用圆滑的处事方法解救了自己。1909年，当时的德国在整个欧洲大陆堪称后起之秀，虽然不能与老牌强国英国和法国相提并论，但它的实力绝不允许任何一个国家小瞧它。威廉二世作为一国之君，极其傲慢，经常口无遮拦。

布洛亲王为人谦虚和善、风度优雅，深得德国人民的爱戴。同时他也对威廉二世的所作所为极为不满，认为他不能算是一位贤明的君主。所以，当威廉二世向他提出一些荒谬的建议时，他再也无法忍受了，极力控制着自己的情绪，对威廉二世说："陛下，这对我来说几乎不可能。全德国和英国没有人会相信我有能力建议陛下说出这些话。况且，一个人总要为他所做的一切承担责任，不是吗？"

布洛亲王的话刚一出口，就意识到自己犯了一个大错误，他想改口已经来不及了。

"住口！"威廉二世听到布洛亲王这样对自己讲话，大为恼火，他咆哮道："你认为我是一个蠢人吗？难道你自己就没有犯过错误吗？你胆敢蔑视国王！"

布洛亲王知道自己刚才讲话的方式欠妥，但已经太迟了，话已出口，想收也来不及了。他只好改变策略，十分诚恳地对威廉二世说："我绝对没有这个意思，陛下在许多方面都胜我很多，尤其是在自然科学方面。在陛下解释晴雨计或是无线电报，或是仑琴放射线的时候，我经常是注意倾听的。而且内心十分佩服陛下，同时对自己十分惭愧，因为我对自然科学的每一门都茫然无知，对物理和化学毫无概念，甚至连解释最简单的自然现象的能力都没有。"

布洛亲王继续说："但是为了补偿这方面的缺点，我学习了某些历史知识以及一些可能在政治上，特别是对外交上有帮助的知识。"

当威廉二世听到这里时，脸上终于露出了微笑，他说："我不是经常告诉你，我们两人互补长短，就可以闻名于世吗？我们应该团结在一起，我们应该如此。"接着，他十分激动地握住布洛亲王的双手继续说："如果任何一个人敢对我说你布洛亲王的坏话，我就一拳打在他的鼻子上。"

布洛亲王用圆滑的处事方式解救了自己，但是又保持着自己的谦和、有礼的做人原则，不但没有得罪威廉二世，反而在没有丧失自己做人原则的情况下得到了威廉二世的赞许，这可以说是原则做人，圆滑处事的极好范例。

做个圆滑的老实人，就是要做个处事灵活而心态成熟的人。就是要在人际交往中保持适度的弹性，把握说话的分寸，学会婉转和含糊，以保持平衡的人际关系，重视生活中的应酬。

通过一些生活和工作的细节树立好的人缘，同时要与朋友进行真正有价值的交往，在日常生活中建立起深厚的友情。

在工作当中，对不同类型的同事应采取不同的策略，还要让你的顶头上司了解和喜欢你，与上级保持良好的人际关系，以便于更好地开展工作。面对想要做的事，则既要坚持做人的原则，又要会灵活变通，要学会保护自己的利益，明智地推脱掉与自己不相干的事。而且一定要为人善良，避免伤害到别人。

人生在世，做人是第一大事。怎样做人，做一个什么样的人，关系到一个人的立身处世，生存发展，事业成败和家庭幸福，更关系到社会的安定和谐。

虽然每个人的生活环境不同，文化层次不同，因而所追求的目标和理想也不尽相同。但是，在内心深处，每个人都会有自己不同程度的做人原则。做人不能没有原则，没有了做人的原则，也就没有了衡量对与错的尺度。

如果自己都不知道哪些事该做，哪些事不该做，那么，就很容易走入歧途。因为人是具有社会属性的，时时刻刻都要受到社会公认的法律和道德等准则的约束，不可能游离于社会之外。做人要有原则，但这些原则也是与时俱进的。社会在不断发展，观念在不断更新，需求也在发生着不同程度的变化。因此在新时代，我们做人的心理学也要随着变化着的社会而不断调整，既要保持做人的原则，也要有圆滑的处事方式。

做人要有大肚量

宽容待人，是中华民族的传统。宽容待人是一种博大而深邃的胸怀，是人类的最高美德，是一种思想修养，也是人生的真谛。你能容人，别人才能容你。但是，当别人出现了过错时，你会如何做呢？识人心理学的做人方式是当别人出现过错的时候，你的态度更宽容些，你不会从计较别人的过错中得到任何好处。

那么，怎样才能做到宽容待人呢？

首先，要以常人的心态去面对周围发生的不正常的事，这些事中可能有别人的错误、失误，甚至有意的伤害。如果不宽容，可能就会发生争吵。

其次，要以宽阔的胸怀待人。"金无足赤，人无完人"，"退一步海阔天空，忍一时风平浪静"。多一分理解，学会换位思考，主动沟通。

第三，要以良好的素养表现自己。生活中肚量最为重要，"将军手臂可跑马，宰相肚里能撑船"，宽容乃是人类性格的空间。懂得宽容别人，自己就有了回旋的余地。

第四，还要做到以爱心来指导行动。原谅那些曾伤害过我们的人，这虽然不是一件容易的事，但是如果我们这样做了，就会从中体验到宽容的快乐。

当然，宽容并不意味着可以不讲原则，宽容一切无理的行为。"大事讲原则，小事讲风格"。"大事聪明，小事糊涂"。宽容是在不违背大原则前提下的一种理解和谅解，是一种诚实和厚道。

我们生活在社会这个大群体里，人与人之间免不了会发生一些磕磕碰碰，常常因一时的疏忽，或冒犯了别人，或别人冒犯了我们。一句"对不起"，一声"没关系"，就能让一切不愉快烟消云散，使彼此重归和睦与友善。

"我从未遇见过一个我不喜欢的人。"威尔·罗吉士说。这位幽默大师能说出这么一句话，大概是因为不喜欢他的人绝无仅有。罗吉士年轻时有过这样一件事，可为佐证。

1898 年冬天，罗吉士继承了一个牧场。有一天，他养的一头牛因冲破附近农家的篱笆去啃食嫩玉米，被农夫杀死了。按照牧场规矩，农夫应该通知罗吉士并说明原因。但农夫没有这样做。罗吉士发现这件事后，非常生气，便叫一名佣工陪他骑马去和农夫论理。

他们半路上遇到寒流，人身马身都挂满冰霜，两人差点冻僵了。抵达木屋的时候，农夫不在家。农夫的妻子热情地邀请两位客人进去烤火，等她丈夫回来。罗吉士烤火时，看见那女人消瘦憔悴，也发觉五个躲在桌椅后面对他窥探的孩子极其瘦弱。

农夫回来了，妻子告诉他罗吉士和佣工是冒着狂风严寒来的。罗吉士刚要开口跟农夫论理，忽然决定不说了，他伸出了手。农夫不晓得罗吉士的来意，便和他握手，留他们吃晚饭。"二位只好吃些豆子，"他抱歉地说，"因为刚刚在宰牛，忽然起了风，没能宰好。"

盛情难却，两人便留下了。

吃饭的时候，佣工一直等待罗吉士开口讲起杀牛的事，但是罗吉士只跟这家人说说笑笑，孩子一听说从明天起几个星期都有牛肉吃，便高兴得眼睛发亮。

饭后，狂风仍在怒号，主人夫妇一定要两位客人留下。两人于是又在那里过夜。

第二天早上，两人喝了黑咖啡，吃了热豆子和面包，肚子饱饱地上路了。罗吉士对此行来意依然闭口不提。佣工就责备他："我还以为你为了那头牛大兴问罪呢。"

罗吉士半晌不作声，然后回答："我本来有这个念头，但是后来又盘算了一下。你知道吗，我实际上并未白白失掉一头牛，我换到了一点人情味。世界上的牛何止千万，人情才稀罕。"

宽容的人从不计较个人得失，其心量就如同空谷一般可以涵盖、宽容一切。罗吉士就是一个宽容的人，同时也是一个活在快乐中的人。宽容是温暖的阳光，可融化最坚固的冰川；是化解矛盾的良药，可让社会和谐和安定。俗话说，金无足赤，人无完人。孔子曰："人非圣贤，孰能无过？"有错、有过，该如何对待？明智的办法就是"宽容为上"。著名思想家波普曾说："错误在所难免，宽恕就是神圣。"

宽容待人是一种美德，是一种思想修养，也是人生的真谛，你能容人，别人才能容你，这是生活的辩证法则。人不能孤立地生活，他需要社会。社会需要相互的谅解，相互的宽容。

学会宽容，人与人之间便会多几分理解，多几分感激。学会宽容，人世间便会多几分温暖，多几分关爱。一个人只有具备了宽容的品质，才会懂得理解和尊重他人，才会有爱人之心，容人之量，成为识大体、顾大局的人。

宽容待人在为别人打开成功之路的同时也于无形中为自己拓宽了成功的道路，我们在社会中讨生活，不能树立敌人，而要多交朋友，多为自己储存贵人，朋友和贵人多了，自然就能成功。因为有大家的帮助，能使你多了很多有力量的臂膀，扶助你走向成功。

善待别人，就是善待自己。多些宽容，多些谅解，少些计较。懂得了宽容，也就懂得了幸福。人人怀有一颗宽容的心，世界将变得更加美好。请记住识人心理学的哲言：请宽容些，你不会从计较别人的过错中得到任何好处。

背后不说别人的是非

有这样一个传说，说龙的喉下有一段倒长的鳞，叫作"逆鳞"，长约尺余。即使这条龙的脾气再好，只要有人去碰触"逆鳞"，龙就会暴怒杀人。这段"逆鳞"就是龙的短处。人也是如此，无论一个人的出身、地位、权势、风度多么傲人，无论这个人的修养，性格，秉性多么温和，也都有不能让别人揭开、宣扬的角落。俗话说："打人不打脸，揭人不揭短！"人在社会上生活，没有不犯错的。别人犯了错我们应以怎样的态度去对待呢？识人心理学的做人原则是：不要指望从揭人短处中得到什么。

祸，莫大于言人之是非；辱，莫大于论人之短长。每个人都有自己的长处和短处，而揭短是最让人难堪的事情。其实，人们早就把"不揭人短"当作一种做人的准则，当作守口如瓶的品德。

职场上，每个人每天和同事、领导之间都有话要说。说什么、怎么说，什么话能说、什么话不能说，这些都能够反映一个人对说话艺术的掌握程度。很多时候，有些人吃亏就是因为不懂得如何说话。

张某在某国家机关做办公室文员，她性格内向，不太爱说话。可每当大家就某件事情征求她的意见时，她说出来的话总是很"刺"人，而且她的话总是在揭别人的"短儿"。有回，同事穿了件新衣服，别人都称赞"漂亮""合适"之类的话，可当人家问张某感觉如何时，张某直接回答说："你身材太胖，不适合。"甚至还说："这颜色你穿有点艳，根本不合适。"这话一出口，便搞得当事人很生气，而且周围大赞衣服如何如何好的人也很尴尬。

因为，张某说的话有一部分是事实，比如该同事是比较胖。虽然有时张某会为自己说出的话不招人喜欢而后悔，可很多时候，她照样说让人接受不了的话。久而久之，同事们便把她排除在集体之外，很少就某件事儿去征求她的意见。尽管这样，如果偶然需要听听她的意见时，她还是管不住自己，又把别人最不爱听的话给说出来。现在在单位里，几乎没有人主动搭理她。张某自然明白大家不搭理她的原因。

张某从揭人短处中不但没有讨到任何好处，反而使自己失去了同事的友谊。试想，如果一个人在社会中没有朋友，在工作中没有同伴，那将会是怎样的情形。

人无完人，每一个人都会有缺点，谁会愿意让人把自己的短处到处宣扬呢？既然如此，我们就应当将心比心。如果你今天为了某种原因揭了别人的短，有一天别人也会把你的短处讲出来。一个善于和别人打交道的人，是一个能够管住自己嘴巴的人，绝不会去揭别人的短处。

看人还应多看他人的长处，不应抓住别人一点短处就不放。刻意揭人短是一种恶劣的品行，为世人所不耻。要知道，每个人都喜欢炫耀自己的长处，都小心翼翼地掩饰自己的短处。对于别人揭己之短的举动，哪怕是无意的，往往也会采取断然的反击，而且这种反击是全力的、致命的。

面对这样的反击，揭人短处的人势必会遭受打击。这是多么愚蠢的做法。揭人短处不但得不到任何好处，反而树立了很多敌人。这是在社会中做人的大忌。

有这样一个事例，一群人正在看电视剧，剧中有婆媳争吵的镜头。张大嫂便随口议论道："我看，现在的儿媳真是不知道好歹，不愿意和老人住在一起，也不想想以后自己老了怎么办。"话未说完，旁边的小齐马上站了起来，怒声说："你说话干净点，不要找不自在，我最讨厌别人指桑骂槐！"原来，小齐平素与婆婆关系不和，最近刚从家里搬出另住。张大嫂由于不了解情况，无意中揭了对方的短而得罪了小齐。所以说，只有了解交际对象的长处和短处，为人处世才不会伤人伤己。

在待人处世中，场面话谁都会说，但并不是谁都能说好，一不小心，也许你就踏进了言语的"雷区"，触到了对方的隐私或痛处，犯了对方的忌，给听话者造成了一定的伤害。

其实，每个人都有所长，亦有所短。待人处世的成功，一个很重要的因素就是善于发现对方身上的优点，夸奖对方的长处，而不是抓住别人的隐私、痛处和缺点，大做文章。切记：揭人之短，伤人自尊！

揭短是最不尊重别人的表现，也是最容易伤害别人，给自己树立敌人的方式，如果你想封闭自己的成功之路，封闭自己的人脉关系，就去揭人之短。反之，如果你想成功做人，你想在社会上多结识朋友，希望有更多的人帮助你，就要避免揭人之短。

　　"揭短"有时是故意的，那是互相敌视的双方用来作为攻击对方的武器。"揭短"有时又是无意的，那是因为某种原因一不小心犯了对方的忌讳。有心也好，无意也罢，在待人处世中揭人之短都会伤害对方的自尊，轻则影响双方的感情，重则导致友谊的破裂。所以，还是俗话说得好，"打人不打脸，揭人不揭短"，要想与人友好相处，就要尽量体谅他人，维护他人的自尊，避开言语"雷区"，千万不要戳人痛处。

适当地隐藏自己

我们常说谦虚使人进步，骄傲使人落后。即使自己很得意也不要妄自炫耀，要懂得适当地掩饰自己的才能，隐藏住锋芒，要知道树大招风的道理。把自己适当地隐藏起来，就不会招来嫉妒，反而会让你的人缘越来越好。

一位女士的宝贝女儿从剑桥毕业回国后，在特区一家金融机构上班，月薪数万港币。这位女士当然为自己出色的女儿深感自豪。她看到亲朋好友时，言必称女儿的聪明，语必道女儿的薪水。后来女儿偶然发觉，便制止母亲，劝说母亲不要总夸自己，突出自家好，而忽略了其他人的感受，可能会伤害到他人。

在自我讲述时，要防止过分突显自己，切勿使别人心理失衡，产生不快情绪，以至影响两人之间的关系。

有两位要好的朋友，甲貌美如花，乙相貌平平。她们一起去参加一次舞会，舞会上许多男士纷纷与甲共舞，在不知不觉中就冷落了乙。甲下意识地感觉到不妥，便以身体不适为由拒绝了男士们的邀请，让他们邀请乙，男士们听取了建议，就去邀请乙，乙感到很开心。甲以友情为重，不想让好友受冷落被忽视，于是机智地用一种平衡的手段，使乙的心灵得到安慰，这也加深了她们之间的友谊。

　　英格丽·褒曼在获得两届奥斯卡最佳女主角奖之后，又因《东方快车谋杀案》中的精湛演技获得最佳女配角奖。在她领奖时，一再称赞与她角逐最佳女配角奖的弗伦汀娜·克蒂斯，认为真正获奖的应该是这位落选者，并真诚地说："原谅我，弗伦汀娜，我事先也没有打算获奖。"

　　褒曼作为获奖者，没有滔滔不绝地叙述自己的拼搏与奋斗，却对自己的对手推崇备至，维护了对手的面子。无论换作是谁，都会十分感激褒曼，认定她是倾心的朋友。一个人在获得荣誉时，能如此善待竞争对手，对对手如此贴心，体现出一种宽大的胸怀。

　　以上的故事告诉我们，当你得意时，不要骄傲到得意忘形，要顾及他人的感受，注意自己的一言一行没有伤害他人。学会抚慰竞争对手的心灵，不要使对方产生相形见绌的感觉。与此同时，自己的心灵也会因此安然自慰，心情就会更愉快。

　　经常可以看见一些人大谈自己的得意之事，这种做法十分不好。对方不仅不会认为你是"了不起"的人，只会认为你是爱沾沾自喜、不成熟的、喜欢卖弄过去好时光的人，所以，不要时时处处讲述自己的得意之事。

　　每个人都想得到高评价。明知不应该谈得意之事，但却情不自禁地大谈特谈，这也是人性中比较矛盾的一面。所以，完全不谈得意之事不太可能，但同样是谈得意之事，不妨适当注意一下方式。注意之一就是，至少在别人未谈得意之事之前，自己不要先谈。也就是说，单方面大谈得意之事非常不妥，所以要先让对方发表演讲，然后自己再谈，这样会给别人留下较好的印象。

用"糊涂"来掩人耳目

古语有云"大勇若怯，大智若愚"，应用到现代社会的经商、谈判中也妙不可言。原本胆大如虎，却表现得胆小如鼠；原本足智多谋，却表现得寡言木讷。目的只是为了暂时蒙蔽对手，伺机夺取主动权，让对手防不胜防，达到出其不意的效果。

有这样一个有意思的故事。日本航空公司与美国航空公司要洽谈一项合作业务，日方派出三名代表与美方进行谈判。作为卖方的美国公司为了抓住这次绝好的商机，在众人中挑选了几名最精明能干的高级职员组成谈判小组。

谈判的流程不像平时的谈判方式——双方进行交涉，谈判刚一开始美方就开始大肆宣传自己的产品。他们将产品的宣传海报和一些宣传资料贴满了整个谈判室，而且利用三台幻灯机，花费两个半小时，按照好莱坞影片的方式放映了公司产品的介绍。其目的主要有两个：一是向对方表现自己公司的强大实力，二是想向三位日本代表作一次独特的产品宣传。放映过程中，日方三名代表很认真地观看精彩的产品展示。

放映结束后，美方代表得意扬扬地站起来打开电灯。此时，可以发现在他们脸上得意的笑容，其中流露出获得谈判胜利的信心。其中的一位自信地走到日方的三名代表面前并说道："请问，你们如何看待我们公司的产品？"不料其中一位日方代表困惑地说："我们还不懂贵公司的意思。"这句出乎意料的回答大大伤害了这位美方代表的自尊心，顿时笑容凝结在脸上，怒火倏然而升。他稳定了一下情绪继续问："你们没有看懂？哪里不懂，我们可以再解释。"日方代表彬彬有礼地回答："实在抱歉，我们都不懂。"美方代表压制着心中的怒火，似笑非笑地问："那你们是从哪里开始不懂的？"日方代表现出一副愚钝的表情说："从一开始我们就不明白你们的用意。"听了日方代表的这句话，美方代表深受打击。可是，为了继续谈判，考虑到公司的利益，又不得不耐心再次放映宣传片，这一次的速度就比上一次要慢得多。

影片结束后，美方代表再次问日方代表："这一次总该明白了吧！"三名日方代表面无表情地齐声回答："我们还是不懂。"这时美方代表完全失去了信心，解开了束缚他已久的西服纽扣，压低声音说："你们……你们到底希望我们怎样做？"这时，一位日方代表不慌不忙地站了起来，说了他们的条件，由于美方代表受到了严重的打击，便稀里糊涂地答应了对方的条件。结果，日方大获全胜，日方公司全都为这次精彩的谈判叫好。

大智若愚，不仅可以帮助自己寻找机会，还能消磨对方的信心与斗志，在谈判过程中获得有利位置。将有示为无，明明聪明却假装糊涂，实为清醒却装醉。虽然很想获得胜利，却不表明心迹，耐心静待时机，待对方精疲力竭后再突然出击，打对方一个措手不及。

寻找恰当的时机，在对手降低心理防范的情况下再让对手措手不及，往往会让事情向自己预想的方向发展。商场上，大量商家都在用"糊涂"来掩人耳目，实际上，糊涂背后却隐藏着重大心机、他们只是在等待时机成熟时给对方以致命一击。

宁可有为而示无为，也不可无为而示有为。在办事过程中，本身聪明却装作糊涂，可助人一臂之力；而原本糊涂却装作聪明，这样只会让自己处在尴尬的境地。

坚持己见，主动进取

很多人都在抱怨自己的工作太累，工资太少，总想找一份钱多事少离家近的工作，眼睛总是盯着别人的工作，觉得别人的工作总是轻松、高薪、体面的，工作上稍有不如意，就不停地抱怨。可是，抱怨能解决问题吗？抱怨能使你摆脱现状吗？抱怨能使你的工作越来越好吗？世界上没有十全十美的工作，与其抱怨，不如改变心态。命运不会因为抱怨而改变，要想改变自己的命运，首先就要努力工作。

爱默生曾说："有史以来，没有任何一项伟大的事业不是因为热情而成功的。"一个热情的人，无论是做清洁工还是当公司经理，都会认为自己的工作是一项神圣的天职，并怀有浓厚的兴趣。

有个美国记者到墨西哥的一个部落采访。这天是个集市日，当地土著人都拿着自己的物产到集市上交易。

这位美国记者看见一个老太太在卖柠檬，5美分一个。老太太的生意显然不太好，一上午也没卖出去几个。记者动了恻隐之心，打算把老太太的柠檬全部买下来，以便使她能高高兴兴地早些回家。

当他把自己的想法告诉老太太的时候，她的话却让记者大吃一惊："都卖给你？那我下午卖什么？"

可以说，人生最大的价值就是对工作有兴趣。然而，在职场中，像卖柠檬的老太太那样，对工作充满热情的人并不多。其实，工作并不只是谋生的手段。当我们把它当成一种快乐的使命并投入自己的热情时，上班就不再是一件苦差事。

工作热情是成就一切的前提，事业成功与否，往往取决于做事的决心和热情的工作态度。在工作面前，拥有非成功不可的决心和满腔的工作热情，困难往往迎刃而解，终将取得优良的工作业绩。

哈南·霍华把一个没有意思的工作变得很有意思，以致完全改变了他的生活。他当时的工作的确没有意思，就是在高中的福利社里洗盘子、擦柜台、卖冰激凌，而别的男孩子们却在玩儿球或是跟女孩子约会。可以想象，他是不喜欢这个工作的，但又不能不做。于是，他便利用这个机会来研究冰激凌是怎样做成的，里面有些什么化学成分。这使他成了高中化学课程的奇才。他对食物化学特别有兴趣，后来便进了马萨诸塞州州立大学，专门研究食物与营养，最后还赢得了纽约可可公司举办的可可和巧克力应用论文比赛的头等奖。

IBM前营销总裁巴克·罗杰斯曾说过："我们不能把工作看作是为了五斗米折腰的事情，我们必须从工作中获得更多的意义才行。"

几年之前，年轻时的卡腾堡真是穷愁潦倒，分文不名，好不容易找到一份推销立体观测镜的差事。这种立体观测镜就是用两张相同的照片，透过观测镜的两个镜头，叠合成一张立体照片。

卡腾堡开始在巴黎推销这个玩意儿的时候，觉得一点意思也没有，每天昏昏沉沉地过日子。但是，他慢慢地改变了这种看法，他觉得自己一定能把这个工作做好。于是，每天出门前，他总是对着镜子给自己打气说："既然你非做不可，干吗不做得高兴一些呢？当你按人家的门铃时，为什么不假想自己是一名出色的演员，很多观众都饶有兴趣地看着你呢？"就这样，在卡腾堡的努力下，他成了一名出色的推销员。

只有踏实地工作，才能取得成绩。但是在现实生活中，你往往发现抱怨者大都是某个领域的失业者。当你和这些失业者交流时，你会发现，这些人对原有的工作充满了抱怨、不满和谴责，要么怪环境条件不够好，要么怪老板有眼无珠、不识才，总之牢骚一大堆。抱怨的恶习使他们丢失了责任感和使命感，只对寻找不利因素感兴趣，这使自己发展的道路越走越窄。以至于到后来，他们与公司格格不入，变得不再有用，只好被迫离开。

有人说，爱抱怨的人从来都是行动中的侏儒。自以为"怀才不遇"的人的普遍症状是：满腹牢骚、不停抱怨，激烈地批评别人，时常表现出一副郁郁不得志的样子。我们不否认，这类人中确有怀才不遇之士，客观环境无法与之适应，但为了生计，他们又不得不屈就自己，所以他们生活或工作得十分痛苦——慢慢就养成了只愿动口不愿动手的坏习惯。

抱怨是一件很痛苦的事情。与其抱怨工作，不如快乐地工作。只有不抱怨工作的人，才是最快乐的人；只有不抱怨工作的员工，才是最优秀的员工。我们得从工作当中找到乐趣、尊严、成就感以及和谐的人际关系，这是我们作为职场人士必须要做的事。即使你的处境再不如人意，也不应该厌恶自己的工作。如果环境迫使你不得不做一些令人乏味的工作，你应该想方设法使之充满乐趣。用这种积极的态度投入工作，无论做什么，都很容易取得良好的效果。

第八章

成功心理学：思考、行动、竞争

印刻效应

1910 年，德国习性学家海因罗特在实验过程中发现了一个十分有趣的现象：刚刚破壳而出的小鹅，会本能地跟在它第一眼看到的自己的母亲后边。但是，如果它第一眼看到的不是自己的母亲，而是其他活动物体，它也会自动地跟随其后。尤为重要的是，一旦这小鹅形成对某个物体的追随反应，它就不可能再对其他物体形成追随反应。用专业术语来说，这种追随反应的形成是不可逆的，而用通俗的语言来说，就是它只承认第一，无视第二。这种行为后来被另一位德国行为学家洛伦兹称之为"印刻效应"。

"印刻效应"现象，不仅存在于低等动物之中，同样存在于人类中。比如，婴儿对电视就能产生一种负面的印刻效应。一个婴儿在耳朵基本上能听到声音，眼睛也能看见东西的情形下，如果每天给他看五六个小时的电视，那么到了两三岁的时候，孩子通常会有以下的表现：喜欢电视中的音乐、对母亲的声音反应迟钝，不能专心注视母亲的视线、无法安静、对事物不敏感等等。即使母亲给孩子耐心地说话或唱歌，孩子也会兴致索然，无动于衷。这些表现说明孩子已经对电视产生了"印刻效应"，如果不加以及时纠正，就很容易出现更加严重的心理障碍。

几乎所有的心理学家和社会学家都知道，人类对最初接收的信息和最初接触的人都留有深刻的印象，他们用"首因效应"等概念来表示人类在接受信息时的这种特征。

于是我们发现，人类对任何堪称"第一"的事物都具有天生的兴趣并有着极强的记忆能力。不经意地你就能列出许许多多的第一，如世界第一高峰，中国第一个皇帝，美国第一个总统，第一个登上月球的人等等，可是紧随其后的第二呢？你可能就说不上几个。看来，人类确实像那只小鹅一样，承认第一，却无视第二。

在生活中，人同样对第一情有独钟，你会记住第一任老师、第一天上班、初恋等等，但对第二就没有什么深刻的印象。

"印刻效应"给我们的启示就是：宁做鸡头，不做凤尾。与其活在别人的阴影下，不如去另辟天地。当然这要看个人的能力而定，你具备这样的能力，才能有机会成为你想成为的第一。

美国通用电气公司前任 CEO 杰克·韦尔奇就深谙"印刻效应"之道，并应用于企业经营之中。韦尔奇在上任的第一次年会上，就提出了"要做第一，只要不是第一，第二的部门就关门！"他还告诉员工：你愿意在第一流的公司工作，还是在不入流的公司鬼混？他宁可把这些失去竞争力的部门卖给对手，也不愿意留在通用公司苟延残喘。对于韦尔奇来说，通用电气要是不能做第一，还不如让员工选择到其他第一、第二的公司工作。由于韦尔奇坚定的领导信念，在 20 世纪的最后 20 年里，在经济不景气的严峻形势下，将通用电气做成了美国最成功的企业。

正如高尔基所说，一个人追求的目标越高，他的才力就发展得越快，对社会就越有益。有谁的人生是注定不可以改变的？你想成为什么样的人，都是靠你自己去努力、去拼搏，你想成为什么样的人，就把那个人当作自己奋斗的目标，当成自己未来成功的榜样，这个榜样的力量是你最好的前进动力，是你成功最好的积极因素。要敢于想成为第一，然后才会有实际行动上的奋力实施，这样你离目标就会越来越近，终有一天你会成为目标中的第一。

誓做翱翔之鹰挑战一切阻力

相信大家都知道井底之蛙的寓言故事。说的是井底下有一只青蛙，它说，天就像井口那么大。因为它从来没有想到也不可能跳出井来看一看，所以它的见识只能是井底之蛙的见识。但是作为当今时代的社会人，我们要做的是雄鹰而不是井底之蛙。只有心无止境，才能开拓和创造出广阔的天地。雄鹰志在云天，所以才能翱翔在万里高空。成功心理学教会我们要誓做翱翔之鹰，不做井底之蛙。

要想成为一个伟大的人物，必须从小树立一个远大的理想。志存高远，方能做出丰功伟业。如果没有远大的目标，永远只能做一个井底之蛙，只能空守着井口的一片天空，没有丝毫的发展空间。

法国启蒙思想家、文学家、哲学家伏尔泰，是 18 世纪法国资产阶级启蒙运动的旗手，被誉为"法兰西思想之王""法兰西最优秀的诗人""欧洲的良心"。

伏尔泰出生在巴黎一个富裕的中产阶级家庭，父亲是一位法律公证人，母亲来自普瓦图省的一个贵族家庭。伏尔泰在高中毕业后便有从文的愿望，但他的父亲希望他读法律。伏尔泰假装在巴黎为一名律师担任助手，实际上大多数时间用在创作讽刺诗上。这件事很快被他父亲发现，便将他送到外省（巴黎地区之外的地方）读法律。然而，伏尔泰坚持写作论文和做一些不太讲究考证的历史研究。伏尔泰的智慧很快就使他受到不少贵族家庭的欢迎。他的早期文学作品对王室及天主教会进行了辛辣的讽刺，被公认为是启蒙时代最主要的哲学家，受到法国大多数人民的爱戴。

伏尔泰后期的成功与其从小立志成为文学家有很大的关系，正是这种远大的志向，一直激励着他宁可背叛父亲也要执着追求自己的鸿鹄之志，最终成功地实现了理想，成为历史上著名的哲学思想之鹰。

在人类历史上，不但是政治家有誓做雄鹰的远大志向，科学家也同样如此。英国杰出的物理学家法拉第就是一例。他确定了电磁感应的基本定律，从而奠定了现代电工学的基础。此外，他还有磁致光效应等多项重大发现。但这位被恩格斯誉为"到现在为止最伟大的电学家"，连小学都没有上过。他小时候一边卖报，一边识字。后来又自学了电学、力学和化学知识。他立志要投身于科学事业，给赫赫有名的戴维教授写信表示："极愿逃出商界入于科学界，因为据我想象，科学能使人高尚而可亲。"这时，法拉第是一个装订图书公司的学徒工。试问，没有这样崇高而远大的理想，法拉第能跨入世界第一流科学家的行列吗？

心有多高，天就会有多高。不怕做不到，就怕想不到。这是一个开放的时代，也是一个急剧变化的年代，它带给我们的是一个充满机遇的广阔平台和一个让我们振翅翱翔的无限天地。

耶鲁大学法学专业毕业的博士高志凯曾做过摩根士丹利亚洲区副总裁，也在联合国秘书处和香港证监会等机构任过职，可以说是个典型的成功人士。高志凯就认为，他青年时期最重要的两次人生"教育"，都是使其立志成为雄鹰的教育。

耶鲁培养的不单是律师，更重要的熏陶学生拥有国家领袖般的胸怀。所以高志凯认为："这就不难理解为什么耶鲁会培养出这么多的政治领袖：美国前总统福特、老布什、克林顿和小布什、副总统切尼……"这种强调志向一定要广阔的教育也让高志凯受益很多，甚至可以说他之所以能成为一个成功的人，誓做翱翔雄鹰的远大理想是其重要原因。

人和人都是平等的，但为什么有的人能够在有限的生命中取得他人所没有的成就？关键在于自身的心力是否够大。心力大眼界高的人才能够立誓做雄鹰，才能够在广阔天地间勇敢翱翔，而如果心力弱眼界低，那势必会掉入流俗，成为芸芸众生中普通的一员，当然也做不出超众的成就，一生只能平平淡淡地度过。

每一个人都不能妄自菲薄，每一个人都有成为伟人、名人的潜在能力，这些都在于我们的立志。你立志想成为什么，那就将成为什么，而最高远的志向就是做一个翱翔的雄鹰。时代需要我们的雄鹰之志，时代需要我们能够振翅翱翔，在风云变幻的际会中成就自己的理想，成就一番伟业。

明确目标，努力前进

要想做一个成功的人，不但要有长远的目标，还要有短期的目标。如果你想成功，你最好给自己设立准确的人生目标，有了准确的方向，你前进的步伐会更坚定、更准确。每一个短期目标的完成就是在积累完成长远目标的成绩，这样也就能自然地完成整个的人生旅途。

法国有位贫穷的年轻人，经过10年的艰苦奋斗，终于成为媒体大亨，跻身于法国50名大富翁之列。1998年他去世时，将自己的遗嘱刊登在当地报纸上，说："我也曾是穷人，知道'穷人最缺少的是什么'的人，将得到100万法郎的奖赏。"几乎有20000人争先恐后地寄来了自己的答案。答案五花八门，大部分的人认为，穷人最缺少的是金钱。另一部分人认为，穷人最缺少的是机会、技能……但没有人答对。一年后，他的律师公布了答案："穷人最缺少的是成为富人的野心！"这个谜底震动了欧美，几乎所有的富人都予以认可，说出了自己成为富人的关键所在。这里说的"野心"，准确地说，应该是我们常讲的"雄心壮志"。我们难以设想，一个心志不高的人，一个没有远大目标的人，连一张蓝图都没有的人，能够创造出什么奇迹。

你给自己定下目标之后，目标就在两个方面起作用：它既是努力的依据，也是对你的鞭策。目标给了你一个看得着的射击靶，随着你努力实现这些目标，你就会有成就感。对许多人来说，制定和实现目标就像一场比赛，随着时间的推移，你实现一个又一个的目标，这时，你的思想方式和工作方式又会渐渐改变。

最重要的是，你的目标必须是具体的，可以实现的。如果计划不具体，就无法衡量目标是否能实现，那会降低你的积极性。因为向目标迈进是动力的源泉，如果你无法知道自己向目标前进了多少，你就会泄气，甚至放弃。如果人生路上的目标不清晰、不准确，就会影响你迈向成功人生的步伐。这里有一个真实的例子，说明一个人若看不到自己的目标会有怎样的结果。

1952 年 7 月 4 日清晨，加利福尼亚海岸笼罩在浓雾中。在海岸以西 30 千米的卡塔林纳岛上，一个 34 岁的女人涉水下到太平洋中，开始向加州海岸游过去。要是成功了，她就是第一个游过这个海峡的妇女，这名妇女叫费罗伦丝·查德威克。在此之前，她是游过英吉利海峡的第一个妇女。

那天早晨，海水冻得她身体发麻，雾很大，她连护送她的船都几乎看不到。时间一个钟头一个钟头地过去，千千万万的人在电视上看着。有几次，鲨鱼靠近了她，被人开枪吓跑。她仍然在游。在以往这类渡海游泳中，最大问题不是疲劳，而是刺骨的水温。

15 个钟头之后，她又累又冻。她知道自己不能再游了，就叫人拉她上船。她的母亲和教练在另一条船上。他们都告诉她海岸很近了，叫她不要放弃。但她朝加州海岸望去，除了浓雾什么也看不到。几十分钟之后，从她出发算起15个钟头零55分钟之后，人们把她拉上了船。又过了几个钟头，她渐渐觉得暖和多了，这时却开始感到失败的打击，她不假思索地对记者说："说实在的，我不是为自己找借口，如果当时能看见陆地，也许我能坚持下来。"人们拉她上船的地点，离加州海岸只有0.8千米。后来她说，令她半途而废的不是疲劳，也不是寒冷，而是因为她在浓雾中看不到目标。

查德威克虽然是个游泳好手，但也需要看见目标才能鼓足干劲儿完成她有能力完成的任务。因此，当你规划自己的成功时，千万别低估了制定可测目标的重要性。你的目标越准，就能越容易地达到目标。

想要成功，你必须行动

3 个旅行者徒步穿越喜马拉雅山，他们一边走一边谈论一堂励志课上讲到的凡事必须付诸行动的重要性。他们谈得津津有味，以至于没有意识到天太晚了。等到饥饿时，才发现仅有的食物就是一块面包。

这几个旅行者决定不讨论谁该吃这块面包，他们要把这个问题交给老天来决定。这天晚上，他们在祈祷声中入睡，希望老天能发一个信号过来，指示谁能享用这份食物。

第二天早晨，3 个人在太阳升起时醒来，又在一起谈开了：

"我做了一个梦，"第一个旅行者说，"梦中我到了一个从未去过的地方，享受了有生以来我一直孜孜以求而从未得到的平静与和谐。在那个乐园里面，一个长着长长胡须的智者对我说：'你是我选择的人，你从不追求快乐，总是否定一切。为了证明我对你的支持，我想让你去品尝这块面包。'"

"真奇怪，"第二个旅行者说，"在我的梦里，我看到了自己神圣的过去和光辉的未来。当我凝视这即将到来的美好时，一个智者出现在我面前，说：'你比你的朋友更需要食物，因为你要领导许多人，需要力量和能量。'"

然后，第三个旅行者说："在我的梦里，我什么都没有看见，哪儿也没有去，也没有看见智者。但是，在夜晚的某个时候，我突然醒来，吃掉了这块面包。"

其他两位听后非常愤怒："为什么你在作出这个自私的决定时不叫醒我们呢？"

"我怎么能做到？你们俩都走得那么远，找到了大师，又发现了如此神圣的东西。昨天我们还在讨论励志课上学到的要采取行动的重要性呢，只是对我来说，老天的行动太快了，在我饿得要死时及时叫醒了我。"

3个旅行者谁都理解行动的重要性，并且对行动重要性的讨论几近痴迷，废寝忘食。可是真正实践起来的时候，有两个旅行者丧失了高谈阔论时的神采，而是在那静静地等待，只有一个人实践了自己熟知的理论。的确，心动不如行动，没有行动，任何想法都会扑空。可以说，行动是保证一个人达成目标的有效工具。拥有自己的梦想并不难，可是，真正能把梦想变为目标并付诸行动的人真的是很少。

古时候，有兄弟两个人，他们的箭法都很好。一天，他们两人带着弓箭出去打猎，正好天空飞过一群大雁，兄弟两人看到后，哥哥便说："等射下来后，回去把大雁蒸着吃。"弟弟不同意，他打断了哥哥的话说："不行，蒸了不好吃，要烧了吃。"于是两个人便争论起来，这时候，走过来一位长者，兄弟两人便请长者评理。长者说，等你们把大雁射下来以后再商量如何吃不好吗？兄弟两人一想觉得有道理，可是等他们明白过来的时候，大雁早已飞走了。

从这个故事中，我们可以明白这样一个道理：一旦你坚定了信念，接下来就赶紧行动起来。这会使你前行的车轮运转起来，并创造你所需要的必要动力。一位演讲家曾经说过，说空话只能导致你一事无成，要养成行动大于言论的习惯，那么即使是再艰难、再远大的目标也是能够实现的。

无论是任何目标，如果不去落实，永远只能是空想。成功在于意念，更在于行动。制定目标是为了达到目标，目标制定好之后，就要付诸行动去实现它。如果不化目标为行动，那么所制定的目标就成了毫无意义的东西。

演讲大师齐格勒讲了一个事实：世界上牵引力最大的火车头停在铁轨上，为了防滑，只需在它的 8 个驱动轮前面塞一块一英寸见方的木块，这个庞然大物就无法动弹。然而，一旦这个巨型火车头开始启动，小小的木块就再也挡不住它了。当它的时速达到 160 千米/小时时，一堵 1.5 米厚的钢筋混凝土墙也能轻而易举地被它撞穿。看，这就是行动的力量。

在人的一生中，总有着种种的憧憬、种种的理想、种种的计划。假如我们能够将一切的憧憬都抓住，那么一切理想都会实现。将一切的计划都执行，那么我们事业上的成就，真不知会怎样伟大。然而，我们总是有憧憬而不去抓住，有理想而不去实现，有计划而不去执行，终于坐视各种憧憬、理想、计划消逝。

你要知道，目标再伟大，如果不去落实，永远只能是空想。成功在于意念，更在于行动。如果不化目标为行动，那么所制定的目标就成了毫无意义的东西。

挑战对手，鞭策自己不断前进

在我们所生活的社会群体中，一定会遇到自己的竞争对手。当遇到竞争对手时，最聪明的做法是怎样的呢？在竞争中，面对强大的对手，有的人视竞争对手为敌人，老死不相往来，甚至还有的人拼命寻找竞争对手的致命弱点，千方百计诋毁对方的声誉，不择手段要争夺地盘和市场，这种"竞争"的结果必然是两败俱伤。成功心理学告诉我们，要树立标杆，将对手作为学习的榜样。

优秀的竞争对手是标杆，向对手学习，可以事半功倍。善于学习竞争对手的人，必然是社会中的精英，更是成功做人的典范。

2001 年，李开复来北京发布微软新开发的 WindowsXP。与媒体记者聚会时，李开复给记者们讲了一个故事：微软有一个班子，专门分析竞争对手的情况，包括什么时间推出什么产品，产品的特色是什么，有什么市场策略，市场的表现如何，有什么优势，什么劣势等。微软的高层每年都要开一个会，请这些分析人员来讲竞争对手的情况。

微软为什么要这样做？记者当时都是这样去猜，微软的这种做法，是为了分析竞争对手的"破绽"。但是李开复的说明非常出乎记者的意料：微软此举是为了向竞争对手学习，学习对方的长处。

微软是成功企业的典范，这样成功的公司还如此谦虚地向别人学习。当然不仅仅是因为它的大度和可敬，更重要的是，他们是为了学习对手的长处，总结对手的成功经验，吸取对手的教训，避免重犯对手犯过的错误，以便更好地提升自己的竞争能力，打败竞争对手。

竞争对手是面镜子，会毫不留情地照出我们的缺点，帮助我们更好地认识自己，完善自我，把我们提升到一个新的境界。正所谓："以铜为鉴，可以正衣冠；以人为鉴，可以明得失。"说的就是这个道理。由此可知，竞争对手并不是我们前进道路上的障碍，相反，他可以帮助我们看清楚自己的优劣势。由此，我们就可以知道自己应该规避哪些问题，应该弥补哪些不足，并且我们也找到了学习的榜样和超越的目标，不断地用他们的好方法来革新自己，达到我们的计划目标。所以，怀着一颗感恩的心去看待竞争对手吧，因为他们可以让我们获得成长，让我们快速地完善自我，快速成功。

日本在二战以后，勤奋不懈地向西方企业特别是美国企业学习，在诸多方面模仿美国企业的管理、营销等操作方法，使得日本国内迅速崛起一批世界级的企业，如夏普、富士等，都是这一学习浪潮的直接受益者。

以日本夏普公司的崛起为例。1962年，英国的隆姆洛克公司和美国的威尔公司几乎同时宣布了一项新发明——电子计算器。当时，大型计算机发展得很快，在商业、科学技术方面迫切需要利用计算机技术来解决各种问题。但是大型计算机价格偏高，结构复杂，使用不便，而市场上已有的电动计算机又不能满足新的要求。于是，一种小型、灵活、便宜的电子计算器出现了，它填补了大型电子计算机与电动机械式计算机的"空白"，但这个发明当时并没有引起美国企业界的重视。

美国电动机械式计算机公司中的保守思想相当严重，不少技术权威毕生从事电子计算机的研究和改进，使之达到了发展的顶峰，然而这些足以自豪的成就反而使他们目光迟钝了。恰巧威尔公司及其他一些公司在发展电子计算器的技术方面也遇到了很大困难，使其他公司相信电子计算器没有什么前途了。这种失策终于使日本的夏普公司捷足先登。

于是，夏普公司从美国引进样机，1964年仿制出来，同年9月开始向世界各地推销。3年后采用MOS大规模集成电路及数字管，使计算器的性能有了很大改进，价格降低了一半，一时雄踞世界市场。至1971年，在美国电子计算器市场上，日本产品占80%以上。

从以上的事例我们可以看出，竞争对手其实是自己最大的财富，有竞争对手这现成的学习榜样，可以免去我们很多的研发精力。直接把竞争对手作为标杆、作为目标，我们照着这个标杆和目标赶超，就会很轻松。

学习对手的成功之处，学习对手的各个优势，向对手学习，是个人胸怀的一种表现，也是智慧的体现。将对手中的超胜之处拿来学习，很快你就会拥有对手的优势。

所以，智慧地做人，智慧地对待竞争对手就是成功心理学告诉我们的：树立标杆，将对手作为学习榜样。

竞争没有止境，别给自己设限

有人曾把一只跳蚤放在一个瓶子里，再在瓶子上面加盖一片玻璃。这时，跳蚤因为环境的改变，就要摆脱瓶子的束缚，就会设法跳出这个瓶子。开始时，它跳上去因为碰到了玻璃而掉下来，它就不断地调整跳的高度，最后它不再碰撞玻璃了，但是尽管它不断地跳啊跳，它也出不了这个瓶子。相反，如果把它放在开口的瓶子里，不论高低，它总能准确无误地轻轻一跃而出。是什么导致了这种情况的发生呢？

事实上，这是跳蚤给自己设置了限度。

与跳蚤一样，我们人类也会给自己设限，而"跳蚤人生"留给我们的只有无限的遗憾。人们所说的庸人缺少自信心，他们的心理高度是比较低的。他们认为自己是非常普通的社会一分子，不会像一些名人、伟人，甚至一些当红歌星、影星、足坛明星等一样，甚至他们想都没有想就给自己下了定论。

这种想法扼杀了萌芽中的一颗颗种子，降低了自己的心理高度，这就为以后的碌碌人生埋下了伏笔。这样，一个个"人才"因此而丧失。

自我设限是非常严重的一种心理误区。活力无限的我们，一定要理解"年轻无极限"的深义，不要自我设限，这样才能释放无限的潜能。

经常给自己设限的人，他们认为别人（特别是名人、伟人）是不可超越的，自己不如他们，自己是没有资本和他们相比的。但是有一点他们都忽略了，一个伟人，一个天才也是从一个普通人开始的，不过他们通过自己的努力，能够超越他人，超越自我；他们敢于追求，敢于超越。伟人们不会因为自己某一方面不如别人而否定自己，降低自己的追求。

一般说来，他们不会轻易地改变自己的决定，除非经过自己的实践后证实确实行不通的。因为他们相信一切没有定论，今天的真理可能到了明天就成了谬论。

这一点我们也知道一些，在哥白尼提出日心说之前，地心说是真理，但是它经不起实践的考验，因为实践是检验真理正确与否的唯一标准。

大多数人总爱"自我设限"，在他们的思维习惯里有太多的"不可能"——许多事情还没有动手做，自己先想当然地否决了，自然偃旗息鼓、不战自败，这就是许多人不能成功的原因所在。

其实人的大脑是有很大潜力可挖的。据资料上讲，一般正常人的大脑由1000亿个神经细胞组成，可以储存1000万亿个信息单位，而一个人一生中能够利用的不过10%左右。据说爱因斯坦用得最多，也就用了17%。人的体能也一样，这就是一代代的运动员在同一运动项目上一次次地超越别人，一次次地打破世界纪录的原因。

《读者》上曾经有一篇题目叫《你就是自己的奇迹》的文

章。里面讲述了一个叫谈力的人，他在 8 岁的时候因为一次意外事故双目失明，而现在的他已成为扬州市摄影家协会会员。网上流传着他的一幅得意之作，照片上是他活泼可爱的女儿，昂着小脑袋，嘴巴张得大大的，灿烂的笑容惹人忌妒，天真、顽皮、欢乐呼之欲出，无论是构图还是用光，其水准都丝毫不亚于正常人。

谈力的故事证明了"盲人摄影不是一个神话"。文章最后还说，其实神话与现实并无界限，一百年前飞机就是个神话，谈力之前，盲人摄影也是个神话。你要做的，就是比你想的更疯狂一点儿。只要你去做，你就是自己的奇迹。

《论语》里有这么一句话，冉求曰："非不说子之道，力不足也。"子曰："力不足者，中道而废，今汝画。"翻译过来即，冉求说："我并非不喜欢您的学说，而是我的力量不够。"孔子说："如果真的力量不够是走到一半就再也走不动了，现在你却是为自己划定了停止的界限。"这就是孔子教育学生不要"自我设限"的典型语录。

如果你觉得低人一等，那是你自己决定的，你本来并非如此。自我设限思想把我们放在一个不属于我们的低水平上，而事实上，我们应该远远高于那个水平。

如果我们能够以积极的心态去面对每一项工作，就可以让自己的心灵引擎中沸腾起无穷的能量，继而推动自己的进取心和创新意识。这样，即使在平凡的工作岗位上，也会创造出不平凡的业绩。

作为一个社会人，我们完全没有必要急于承认别人就是比自己好，而要认为这些都只是暂时的，现在的一切并不能代表以后，这样我们就能够非常平静地为人处世了。

总之要记住，我们不要自我设限，不能知难而退，因为自我设限是一个挑战者万万不能有的。

第九章

人格心理学：自省、挑战、超越

◇ "认知失调" 理论

◇ "后视偏见" 理论

◇ 归因理论

◇ "定位效应" 理论

◇ "部分所有权" 理论

◇ "适应性偏见" 理论

◇ "投射效应" 理论

◇ "自我实现预言" 理论

◇ "约拿情结" 理论

"认知失调"理论

每一个人都有其独立人格，其感觉、思考及表现方式都是独一无二的。人格心理学正是针对一个人最基础的人格进行研究，进而分析其心理，对其行为进行预判的。

人有保持认知一致性的倾向。一旦认知无法一致，就产生了认知失调，也叫认知不和谐。互相失调的认知因素会引起心理上的紧张，并产生不愉快的体验，这就是失调感。这种失调感往往并不能持久，它会转而促使人们重新构建自己的认知，从而改变认知失调的状态。

王军是一位"问题学生"，一贯我行我素，不遵守课堂纪律。上课时，他总是不停地做小动作，或者东张西望，伺机与别人说话。自习课就更不用提了，只要老师不在，他就会讲笑话，你会经常听到他略带沙哑的声音。赵老师接任班主任后，就为王军头疼不已。

一次，赵老师决定剑走偏锋，他对王军说："老师经过了解，决定把维护课堂纪律的重任托付给你。以后，希望你帮助老师监督同学们上课以及自习。"王军简直不敢相信，他一向是个差等生，在老师眼中并不受欢迎，现在自己居然摇身一变，成了"班干部"。"老师，我不是做梦吧？您真的派我维持纪律？"赵老师说："王军同学，其实你本质是好的。可能以前大家对你有些误会。我想，你会很好地胜任这份工作的。"赵老师对王军交代了自习课学习的内容，要求他当晚就走马上任。

自习课开始了，王军走向讲台，心里怦怦怦跳得厉害。他壮起胆子扫视了一下课堂，像个小老师似的，先是布置了自修内容，然后再三强调了课堂纪律。这一次自习课，王军一反常态，没有高谈阔论，老老实实地看起书来。在他的带动下，其他同学也没有乱走动或者讲话的。课后，赵老师及时表扬了王军。如此坚持了一个学期，王军竟然从一个差等生变成了好学生，考试成绩进入了中上游。

心理学家认为，王军一向不守纪律，是个散漫的人，赵老师忽然让他管理课堂纪律，这就破坏了他的心理平衡，在心里产生了震荡，即认知失调。为了减轻矛盾，汪军调整了态度及行为，使之重新符合认知。

1956 年，美国心理学家利昂·费斯汀格在《当预言失灵》一书中提出了认知失调这一概念。1957 年，他又在《认知失调理论》中作了详细阐述。人们由于做了某项与态度不一致的行为而引发的不舒服的感觉，或者说两个认知元素之间不相一致，就是认知失调。它指一个人的行为和先前的认知产生分歧，从一个认知过渡到另一个对立的认知时产生的不舒适感、不愉快情绪等。

20 世纪 50 年代，幽浮末日教派的信徒们认为世界末日在12 月 20 日来临。教派领袖玛丽安·科琪预言，她的信徒将会在 12 月 20 日夜里被一架外星飞船接走，飞到安全的地方。许多信徒因此放弃了工作，舍弃了家业，等待着世界末日的到来。费斯汀格认为，一旦世界末日没有来临，信徒将会失去对科琪女士的信任。到了午夜，信徒们集合起来，等待着飞船的降临。结果飞船毫无踪影，信徒们有点紧张。凌晨 2 点，信徒们开始惶惶不安。凌晨 4 点 45 分，科琪女士抛出了一个新版本。她说，由于他们的虔诚，世界已经被救赎了。等待飞船的信徒们不但没有因为科琪的预言失灵而质疑她，反而对她更加崇拜了，他们跑到大街上向别人兜售他们的宗教，说外星人因为他们而饶恕了这个星球。

在这个例子中，"预期落空"导致了认知失调。没有心理准备的信徒们，为了消除这种失调不得不接受新的预言。相互冲突的认知是一种原动力，人们会强迫自己接受或者寻求新的观念，以降低认知间的冲突。

认知失调有两个重点：一是认知成分，也就是人们的态度、思维、信念、理念等；二是推断，即逻辑推理是否严密，是否正确合理。这两点同时又是产生失调的原因。伴随着认知失调的增加，要求降低或减少失调的压力就愈来愈大。在 20 世纪，认知失调理论是西方社会心理学研究领域最具影响力、最令人瞩目的理论之一。

费斯汀格认为，人们的心理空间或认知结构是由各种各样的认知元素构成的，这些认知元素具有相对的独立性，一旦两个认知元素之间产生了冲突，认知失调便在所难免。认知失调理论的基本思路是认知与行为有联系，先有行为改变，再有认知的改变，失调效应作为中介。之所以要改变认知，只是为了给行为一个理由，使之合理化。

认知失调有三种形式。

一种认知失调是逻辑不一致。比如一个人认为所有的天鹅都是洁白无瑕的，所有的乌鸦都是黑的，如果他忽然看到了一只黑天鹅或者一只白乌鸦，便会产生认知失调。定居在某处的人们一贯认为，自己居住的区域是宇宙的中心。假若地理学家跑来摆事实，讲道理，利用空间模型或卫星发来的图片告诉这些人，他们的居处并非宇宙的中心，这些人也会产生认知失调。他们要么推翻自己原来的定论，要么拒绝接受地理学家的见解，否则就会一直处于认知失调状态。

另一种认知失调是态度与行为之间的不一致。吸烟对身体不好，李光下定决心戒烟，已经坚持了两个多月。客户不知情，出于礼貌递过来一支烟，李光接过烟就开始纠结，是抽呢，还是不抽呢？最后在客户的注视下，李光心情矛盾地点着了烟。此时，李光就产生了认知失调，他要么说服自己，吸烟有害健康，然后马上停止吸烟；要么对自己说，很多吸烟的人也长寿，就吸一支烟，没事儿的。再如，刘达在心里很鄙夷自己无能的上司，这位领导因为是董事长的小舅子才坐到管理职位，平时无所事事，对业务一问三不知。但刘达表面上还要摆出一副听话的样子，唯唯诺诺，这也是一种认知失调。

还有一种认知失调是行为与行为之间的不一致。

毫无疑问，认知失调会给人带来精神压力，造成心理紧张，并产生不愉快的体验。我们如何减少这种压力，消除紧张呢？通常情况下，有多种途径：一是减少不协调的认知成分；二是增加协调的认知成分；三是改变其中不协调的认知成分，使两种认知相互协调。不过，人们在减弱或消除失调感的过程中，一般是下意识进行的，对自己的心理状态并没有明确的意识。出于本能，人们会想方设法消除认知矛盾，以求得理念的和谐。

"后视偏见"理论

约翰夫妻俩都是热心的股民，他们一直将手中的闲散资金投放在股市中，这样一方面可以给平静的生活增添一份乐趣，另一方面也期待着能获得投资的收益。

这一次，约翰根据以往的经验购买了一支自己认为的潜力股。他对这只股票寄予了厚望，每天股市开盘时间，他都准时坐在电脑屏幕前，观看着大盘的走势。果然不出所料，这只股票的价格就像约翰当初购买时怀有的热情一样，有增无减。每天看着自己股票的价格一路攀升，约翰兴奋不已，不时地向妻子炫耀自己明智的选择，老伴听了也笑得合不拢嘴。

但过了一周后，约翰夫妻俩的兴奋之情渐渐减退了。因为他们发现，近来股市大盘开始变得很不稳定，再看自己持有的那只股票，其价格也是起起落落。这时，约翰对妻子说："虽然近来股市有点不稳定，但我仍觉得这只股票还有上涨的可能。依我看呀，咱们先别急着抛售，先观望一段时间再说，你觉得呢？"妻子说："如果这时不卖掉，万一过一段时间严重下跌，到手的肥肉岂不白白跑掉了？我看还是见好就收，赶紧卖了吧！"

约翰听了妻子的话，看着大盘的走势，思前想后，内心开始动摇了："说得也是，现在已经赚了，若继续等下去，万一出现风险怎么办?""就是啊,看现在这情况,肯定不会再涨了。"老伴在一旁说道。于是,约翰将所持股票抛售一空。

过了几天,约翰看准时机购买了新的股票,但他还是关注着那支股票的价格走势。这天,米约翰惊奇地发现,那只股票的价格经历多次起起落落后,居然又开始上涨了。约翰叹了口气,开始埋怨妻子:"我当初怎么说的? 先观望一段,还有可能上涨。可是你偏说见好就收,结果怎么样,真的涨了吧!"妻子不服气地反驳道:"这怎么能怪我呢? 要是你当初坚持价格还会上涨,怎么会决定抛售一空呢?"

很多人在事情发生以后,往往会以为自己在事情发生之前就预测到了结果。事实上,他们未必像自己想象的那样,事先就做出了准确无误的判断,这在心理学上被称为后视偏见,也就是人们常说的"马后炮"。

开始时,约翰打算坚持到底,暂时不急着抛售,但在妻子的劝说下,他最终动摇了,将所持股票抛售一空。可是事后看到结果时,约翰的记忆习惯会让他"忘记"自己当初是如何动摇的,他只"记得"自己是如何坚持的,如何认定这支股票价格还会上涨的,这就是典型的后视偏见。约翰为什么会产生这种思维呢?追根溯源,这是人类思维的一种惯性,它让我们在事后忘记自己失误的部分,只记得自己当时的预测是多么正确。

中国人常说:"早知今日,何必当初。"这句话揭示了中国人的一种常见心理——从结果看当初,因失败而责备。这类人喜欢在结果出来之后,向前逆推,寻找出现这一结果的原因,并且为当初自己尤其是他人的选择而后悔,而抱怨。然而,他们经常从不良结果向前逆推，一旦事情运转良好，他们往往就不会追究当初的选择是对还是错。所以说，后视偏见带有极大的功利性。

人们也用"事后诸葛亮"来比喻那些事后自称有先见之明的人。诸葛亮神机妙算，是未卜先知，而他们则是过后方知，所以被称为"事后诸葛亮"。

比如，阿元看足球赛时，心情随着赛况的波折起伏跌宕，一心盼着钟爱的球队可以在最后关头反败为胜。但是比赛结束了，李元最喜欢的球队还是惨败。很多时候，李元会恨恨地说："刚开始比赛，我就知道要输了，他们今天不在状态，没有发挥出最佳水平。现在怎样呢，果然输了！"

在生活中，我们有时也会碰到类似约翰、阿元这种"事后诸葛亮"的人。一旦持有这种心理，在某些情形下会给我们带来一些不好的影响。

其一，假如你有了后视偏见，你就会在事情发生后，觉得自己当初的预测是对的，因此你很难从实践中得到有益的经验教训。下属没有如期完成你交代的任务，你可能会生气地想，这个人做事的能力就是不行，我早就知道他会把事情办砸了，果然不出所料！

其二，由于觉得早就预测到事情的结果，你很难以公允的眼光看待别人。对于别人的成绩，你觉得本来就应该这样，你早就料到结果了。别人犯了错误，你可能会严厉地说，早就告诉过你这件事情不能这样做了，要如何如何做，而事先呢，你或许一直持默许的态度。

其三，你会以结果论成败，而忽略中间的过程。

那么，如何改变后视偏见呢？

办法其实很简单，就是在事情发生前，写下你对结果的预测，并列出你做出这种预测的理由。这样做，可以避免事情发生后，你的记忆会筛选储存的信息，只想起那些与结果相符合的环节和证据。而把预测结果写下来，你就会客观地发现，自己的预测未必都准确无误。这一过程也可以使你更好地了解自己的判断力，充分了解你在哪些方面预测得比较准，又在哪些领域经常预测失灵。

对于那些有后视偏见的领导，你可以先告诉他不好的情况，等他不满地说，早就告诉过你要三思而后行了，你再说出事情的真相：一切良好。经过这番曲折，他就不会再有那么强烈的后视偏见了，当然，前提是你不怕被炒鱿鱼。

归因理论

老赵夫妻是不折不扣的彩民，他和老伴一直购买双色球彩票。这天，老赵看着投注站墙上贴着的中奖号码图，问老伴："今天要买什么号啊？我看还是和上次一样，你觉得呢？"

老伴摇摇头说："算了吧，我看还是换换，那几个号你一直在买，都连续买好几周了，一次也没有中过！"

老赵微笑着说："这你就不懂了！买彩票能急吗？越是好久没有中的号，下一次轮到的机会就越大！"

老伴有些不高兴地说："好像你很明白似的，还不是最近才中过一次5元钱？"

老赵看着号码图说："上次我就差一个蓝号没有中，要是中了，就能得200元了。"

"照你这么说，我还差两个号就中了大奖呢！"

老赵说："我觉得蓝号不能换！要坚持。"

老伴想了想说："你看看这几个月的蓝号，都没有你选的7，7这个数字吧，不够吉利，我看还是换换！"

老赵听了老伴的话，看着墙上的表格，左思右想，内心开始动摇了："要不红号不变，我就把蓝号换换，换成6这个号！"

"是啊，6这个号多顺眼啊，六六大顺，这个号好，肯定能中！"

于是老赵和老伴买了彩票，笑眯眯地离开了彩票站。

第二天，开奖了。老赵全神贯注地对着墙上的中奖号码，一心盼望能中个大奖。结果老赵失望地说："这次红号还没有以前准，只是中了 3 个号。咦——"老赵忽然双眼圆睁，只见墙上赫然写着：本期中奖的蓝号是 7 号！老赵长叹一声，埋怨老伴说："我当初说什么来着？我就说要坚持买，肯定能轮到！你呢，就在那里乱搅和，尽出馊主意，说什么六六大顺，结果呢，连个 5 元的都没有中！"

现在让我们假设另一种结局。

第二天，开奖了。老赵聚精会神地核对中奖号码，希望这次能中个头彩。看到一多半的时候，老赵心凉了半截，说："这次红号还没有上次准呢，仅仅中了 3 个号。啊——"老赵惊喜地看着墙上的号码，只见墙上赫然写着：本期中奖的蓝号是 6 号！老赵非常高兴，意气风发地对老伴说："幸亏我有先见之明，当即把蓝号换成了 6，这次怎么样啊，中了！"

第一种结局中，老赵最后换了号，结果却和中奖的蓝号失之交臂，虽说是在老伴的强烈建议之下，但最终拍板的还是老赵自己，所以他换了号码不能全怪老伴。至于第二种结局，老赵却认为自己有先见之明，尽管老伴也有功劳，但老赵认为归根结底在于自己把握了时机。同样的行为，为什么成功了，老赵就认为自己很英明，功劳是自己的；一旦失败了，就埋怨老伴乱出主意呢？

这种现象在心理学上被称为归因理论。归因理论是一种以认知的观点看待动机的理论，该理论着重于人们依据原因推论的信息，并在理解这些信息的基础上进一步预测和控制其随后的相关行为。

1958 年，美国社会心理学家海德在《人际关系心理学》中从朴素心理学的角度提出了归因理论。他认为，人们在寻求行为的原因时，或者把它归于环境，或者归于个人。所有的行为都被认为可以由外部或内部因素所决定，因此，归因分为外部归因和内部归因。如果归于环境，则行动者对其行为不负任何责任；如果归于个人，则行动者就要对其行为结果负责。归因理论就是关于人们如何进行因果关系解释的理论。

外部归因又被叫作情境归因，因果关系是由外界因素或力量等导致的。这个外界因素不以人的意志为转移，也不受人控制，比如说天气。由于没有选择，你的行为就受到了影响，那个不受你控制的外部力量就限制甚至完全决定了你的行为。因此，你会觉得一旦事情不如愿或失败了，你没有任何责任。

内部归因就是因果关系是由内部因素或力量导致，又被称为部署归因。内部因素是受你自己控制的，你可以选择某种特定的方式行事，所以你的行为并不受外界影响，因此你就感觉到责任感。

人们相信能够解释一切事情，或者能够试着解释一切。心理学家研究发现，大多数人在判断谁应该为某个事情或行为负责时会有偏差，因为人都是主观的。我们倾向于把自己的失败和别人的成功归结到外部因素上。我失败了，不是我的错；他成功了，那是他运气好。

　　小明期末考试的数学成绩出来了，他垂头丧气地回到家中。母亲知道今天出成绩，就连忙问他考得怎么样，小明说考了 70 分。平常父母一直要求他所有成绩都在 85 分以上，所以这次得了 70 分，算是很不理想的。母亲听了当即就埋怨小明不好好听课，说上次开家长会时，老师就说小明注意力不集中。面对母亲的批评，小明不服气地说："都要怪老师啦，出的题这么偏，这么难，我怎么能考好呢？"这就是外部归因。

　　同理，一旦自己成功了，或者别人失败了，我们又倾向于把原因归结为内部因素。我成功了，那是因为我很优秀，并非因为我运气好；他失败了，则是因为他比较愚笨，能力也平庸，和运气不好无关。比如说，我数学考试得了满分，我就会认为，这是因为我天资聪颖，并不是因为数学题很简单。

　　1972 年，维纳及同事发展了海德的归因理论，认为"内因——外因"是归因判断的一个方面，还应当考虑"暂时——稳定"方面。这两个方面彼此独立。在形成期望、预测未来的成败上，"暂时——稳定"方面至关重要。比如，我们认为小李工作出色，是因为他能力强或任务简单，那么我们就会期望，如果分配给小李同样的任务，他还会圆满完成；如果我们认为小李工作出色，是因为他运气好或者超水平发挥等暂时因素，那么再给他同样的任务时，我们就不会期望他仍会圆满完成。

　　1978 年，阿布拉姆森、塞利格曼和提斯达尔等进一步发展了维纳的理论，提出了第三个方面，即普遍——特殊方面。例如，小明不喜欢数学老师，因而不愿意学数学，所以数学成绩一直不高，这就是无能为力的表现。如果小明仅仅数学不好，就属于特殊方面；如果小明所有的功课都不好，就属于普遍方面。

　　1973 年，凯利提出三种解释说明行为的原因：归因于从事该行为的行动者、行动者的对手与行为产生的环境。比如说，李老师批评了小明，可以归因于小明懒惰；也可以归因于李老师，比如李老师太苛刻，爱批评人；也可以归因于环境，导致李老师误解了小明。要找到真正的原因，还要看一致性、一贯性和特异性这三种信息。如果每个老师都批评学生，则老师行为的一致性是很高的；如果总是李老师批评小明，则一贯性较高；如果李老师在特定情境下才批评小明，对其他学生则不批评，则特异性较高，如此等等。

"定位效应" 理论

美国密歇根大学的卡尔·韦克教授曾做过一个实验。在一个玻璃瓶中，他放入了6只蜜蜂和6只苍蝇，接着把玻璃瓶横放，使瓶子的底部朝着窗户，而窗户是屋里唯一的光源。实验观察发现，6只嗡嗡的蜜蜂在瓶底不停地飞，试图在瓶底上找到出口，结果筋疲力尽，奄奄一息。而那6只苍蝇却到处乱飞，不超过两分钟，它们就找到了瓶口，纷纷逃之夭夭。蜜蜂有趋光的天性，它们偏爱光明，也因此走向了死亡。蜜蜂大概认为，打破囚室的出口必然在光线最明亮的地方，所以它们一直重复着自己看似合乎逻辑的动作。

或许有人会嘲笑蜜蜂，但是，韦克教授却把目光投向人类，又做了一个实验。他召集了一批人参加一项会议，让人们自由选择座位。会议开了一刻钟左右，他让大家到户外休息片刻，然后再进入会议室。如此反复了五六次，结果他发现绝大多数人都选择了第一次坐过的位置。

通过实验，韦克教授得出了一个结论：人们像蜜蜂一样，对于自己认定的看法或事情等，一般不会轻易去改变，这就是心理学上著名的定位效应。人们习惯了某个位置，认准了某个事物，对某个东西受先入为主的影响，具有了某种看法，并且不易更换或改变的心理效应，就是定位效应。

那么，产生定位效应的原因是什么呢？

第一，是先入为主的影响。当我们接触不熟悉的认知对象时，形成的第一印象可以在脑海中长久保留，不会轻易改变，甚至可以影响后来的认知。

第二，人们有一种自我认知协调一致的心理要求。一般情况下，人们倾向于前后印象一致，使认知达到协调，从而控制自己的态度和行为。在前面的心理实验中，参会者选择同一个位置，就是避免认知上的不一致现象，从而产生了定位效应。一旦实验者遇到更强烈的动机因素，定位效应就会弱化甚至消失。

第三，定位效应之所以产生，离不开定位者的特质这个重要因素。一是定力特质。思想集中、关注某一事物的能力就是定力。它使得人们不为外界因素干扰，始终把精力集中在自己注意的目标上。若缺乏定力，一个人就容易见异思迁，就不太可能定位。二为惰性心理。具有这种特质的人一般都安于现状，不愿改变目前的境况，他们有守旧心理，懒得说，懒得想，懒得变，懒得动。在没有巨大压力的时候，一般情况下，这种懒惰成性的人很容易定位。三为自信满满。具有这种特质的人，绝对相信自己的眼光，认为自己的选择是非常正确的，所以他们坚持自己的观点或看法，一意孤行，不轻易接纳他人的建议，也不易受到他人的影响。这种自命不凡的人，也很容易产生定位效应。

我们将定位效应广义化，不难发现，人们对工种、专业、职业、薪水、价格等社会定位或市场定位，也带有定势化的现象。在选择职业时，人们对自己选定的专业或职业一般不会轻言放弃，这都是定位效应在起作用。

对于每个人来说，最初对自己的定位至关重要，并且影响巨大，这种定位将会左右和决定他们今后的思维定式。有人曾对初中生做过"你适合什么专业"的心理测试。从一系列问卷测试中，可以断定这个孩子将来适合做什么工作，当然孩子们也知道了这个结果。他们的父母也对此表示鼓励或默认。最终，这些初中生工作后所从事的职业，绝大部分都和当初的测试相吻合。在这里，定位效应明确了孩子们的目标，也促进了他们的努力，从而使理想变为现实。

一次，有人问张华："一张白纸折叠100次以后是多高啊？"张华自言自语地说："折叠100次，应该很高了，大概有1米多。"过了片刻，张华又挠挠头："也许还不止呢，大概有2米多，比我还高呢。"如果让你来回答这个问题，你认为会有多高呢？很多人和张华一样，认为不过两三米。因为我们都知道，纸是很薄的东西，即便折叠100次，大概也不会太高。

那么，答案究竟是多少呢？假设一张纸厚0.1毫米，折叠100次，其厚度就是0.1乘以2^{100}，约为1.27×10^{23}公里！你或许对这个数字没有太大的感觉，如果我告诉你，这个长度是地球距离太阳的8×10^{15}倍，你是否感到惊讶呢？在我们看来，纸是如此薄，即使折叠100次，也不会很厚。我们的想象和猜测都来自最初的几次折叠，这就形成了第一印象。

无论是判断一个人还是一件事情，你对其产生的第一印象就是一种可以定位的"锚"，你后来做出的判断常常受到这个"锚"的影响。当然很多情况下，这是不自觉进行的，你并没有察觉。

即使你会根据新的信息做出调整，但这种调整往往不能摆脱你最初形成的印象，也就是说，调整往往不够充分。既然定位不够准确，调整又不充分，就自然而然产生了定位调整偏见。我们由于对白纸折叠有了一个很低的"锚"，也就忽视了平方的效应，即便会考虑到，也多半不会超过 100 米。

法国文豪大仲马曾看中一件古董，但卖主要价很高。大仲马先让一位朋友对古董商开了一个非常低的价格。古董商说："你疯了，我不可能卖给你！"接着，第二个朋友又去了古董店，开了个略高一点儿但仍然很低的价格，卖主说："太低了，我不会卖！"这时候，大仲马又出现了，他开出了比第二个朋友略高的价格，就如愿以偿地买下了这件古董。大仲马朋友的超低价格使卖主产生了定位效应，最终促成了交易。

这说明定位效应往往对我们的判断和决策造成影响，你掌握了它，就能利用人们的心理达到目的。

"部分所有权"理论

一天，王佳浏览网页的时候，忽然发现有人正在拍卖一只雕花的翡翠手镯。手镯雕工很精美，晶莹剔透。于是，王佳参加了竞拍，给出的价格是最高的，到了晚上也是遥遥领先。第二天，王佳上网查询，她的出价还是第一。她开始想象着这只手镯戴在手腕的温润感觉，俗话说"黄金有价玉无价"，周围的人看了这只手镯一定十分艳羡。第三天，王佳又登录网站，却发现有个网友已经排到前面！王佳很激动，这还了得，有人会拍走"自己"的手镯！于是，她不管预先打算出多少钱了，接着出了更高的价格。

心理学家认为，这就是"部分所有权"的现象。想想看，是不是因为"部分所有权"，才导致网上拍价螺旋上升呢？是不是拍卖的时间越久，虚拟所有权就越能抓牢竞拍者，他们花的钱就越多呢？

美国心理学家丹·艾瑞里、詹姆斯·海曼和叶西姆·奥尔亨共同做了一个实验，探索拍卖如何逐渐影响竞拍者，并鼓励竞拍者一直加价。正如他们假设的，那些出价最高、参与时间最长的竞拍者，有着最强烈的虚拟所有权感觉。他们处于一种很微妙的状态，一旦自认为某个东西已经属于自己，就会强迫自己出高价，以牢牢掌控其所有权。

所有权在我们的生活中无处不在，它以独特的魅力影响着我们的决策，改变着我们的生活。我们在描述一个人的经历或生活故事时，也能够运用所有物的增加与减少这种方式。比如，得到了什么、失去了什么，或者收获了什么、损失了什么等。

所有权是如此重要，关系到我们如何更好地享受新居、汽车、家具、时装等。然而，我们很少能对所有权做出理智的选择，因为人类本性中有三大非理性的怪癖。

第一种怪癖，是深深迷恋自己拥有的东西，甚至不能自拔。小孩子自己的玩具汽车、积木、芭比娃娃、模型飞机是断不会轻易送人的，不能说孩子小气，就是成人，也会"敝帚自珍"。假如你想卖掉自己的摩托车，你会有什么反应呢？你还没有把它开到二手市场，就会回忆起，刚买回它时载着女友兜风的惬意，骑着它走过的风景秀丽的路程，在柳絮轻扬时如离弦之箭的风驰电掣……那时你比现在年轻好胜，有着初生牛犊不怕虎的劲头。于是，一股怀旧之情溢满你的心间，让你对这辆摩托车难以割舍。当然，这种"自己的东西就是好"的心理不仅仅对摩托车，就是对其他的物品，也是一样。人们对于自己的东西，就是觉得好。

第二种怪癖，总是计较自己会失去什么，而较少考虑自己将从中得到什么。为什么我们对自己拥有的零零碎碎的东西如此珍爱，即使想卖掉，也会标上高价呢？说到底，人们对损失有一种强烈的恐惧，导致我们会做出错误的决定。东西还在自己手里呢，我们就已经为即将失去它们而忧伤了。

第三种怪癖，是由己推人。认为别人和我们一样，也对某物有着同样的回忆、情绪和爱惜。我们期望买我们摩托车的人也拥有那些美好的回忆，认为购买我们房子的人也会喜爱门前那株芳香扑鼻的丁香树。遗憾的是，买主可能只注意到发动机的杂音，也可能只留意地板的斑驳陆离。让买方和卖方用同样的角度看待交易品，简直是天方夜谭。

所有权具有某些独特个性。比如，我们在物品上投入的精力越多，对它的感情就越深。假如你有了自己的新居，就会仔细打磨地板，任何角落也不放过；你曾自己组装家具，反复琢磨如何装起来，每个螺丝钉应该拧到哪里，最后再规划如何布置。单是想想这些，你心中就会涌起留恋的感觉。一般来说，你为某物花费的精力越大，做事的难度越高，过程越复杂，你留恋某物的感觉就越深。哈佛大学教授麦克·诺顿把这一现象定义为宜家效应。

有时候我们还没有取得所有权，就已经认为某物属于自己了，并产生了拥有的感觉。这是所有权的第二个独特个性。可以说，虚拟所有权是广告业的主要动因，甚至在一无所有时，我们就已经把自己看作所有者了。

周末的家具商城简直成了"超级大卖场"。丽丽和老公置身其中，目不暇接。突然，小夫妻眼前一亮，一道广告语牢牢吸引了他们的眼球：沙发搬进家，一月可退货！本来，沙发属于可买可不买的东西，因为客厅的沙发早就有了，再买只能放进卧室。但这个允许退货的保证让丽丽决定买下来。于是，沙发顺利摆到了卧室。但是这时他们的观念已经变了，不知不觉地把沙发当成了"自己"的沙发，认为退还沙发是一种损失。起初他们认为，只是搬回家试用几天，不行就退掉，不想却掉进了所有权陷阱。

　　所有权不仅局限于物质的东西，也包括观点、看法、理念等。一旦我们形成某种观念，我们会对它过度热爱、依恋，视若心头之肉，一想到要失去它，就会难以忍受。那么结果如何呢？它转化为一种意识形态，魅力四射而生生不息，令人趋之若鹜。

"适应性偏见"理论

　　人有很强的适应性，无数社会事实都证明了这个道理。然而，人们难免带有适应性偏见，往往会错误估计自己的适应性。所以，我们在决策的时候，要考虑到自己的适应性能力，做个聪明睿智的理性人。例如：好事一下子享受完不如分开慢慢享受；而坏事慢慢分开忍受不如一起忍受。无论欢乐还是痛苦并不如想象中那样强烈和持久。

　　王力读大学的时候，经常泡图书馆。一次，下起了瓢泼大雨，王力拿着伞准备去食堂吃饭，走到图书馆门口时遇到了正在避雨的吴玉。王力很绅士地把伞借给了吴玉，两人从此相识，并开始了一场风花雪月的恋爱。王力一直细心地经营着和女友的感情，对吴玉呵护备至，简直就是捧在手心里。可是好景不长，王力意外地发现吴玉又结识了一个条件更好的小伙子，不时偷偷地和别人约会。王力痛不欲生，他觉得自己是如此爱自己的女友，愿意为她做任何事情，甚至付出生命。他多次问自己，一旦离开吴玉，活着还有什么意义呢？说不定自己会走上少年维特之路，或者一生都在痛苦中煎熬。无论王力如何挽回，分手的时刻还是来临了。王力的心情颓丧到极点，好几天都把自己关在屋里。朋友纷纷劝王力，你还有亲人，如果就这样下去，怎么对得起含辛茹苦的父母呢？在朋友的鼓励下，王力逐渐振作起来，并走出感情的阴霾。

两个月后，王力发现自己经过失恋的折磨，感情更成熟了；而这个世界上，依旧是阳光明媚，绿草如茵；自己的生活并没有因为失去了吴玉就黯然无光。相反，由于不必每天陪着女友逛街、听音乐、看电影，他有了大把的时间去学习，结果毕业时，他以优异的成绩考上了名牌大学的研究生。后来，王力工作后，又找了一个女友，并顺利结婚了。提及往事，他淡淡地说："那时候幼稚，总以为离开吴玉就活不下去了。现在想想，幸亏当初分手了，我妻子又体贴又贤惠，一点都不虚荣攀比，上得厅堂下得厨房，比以前的女友不知要强多少倍！"

在这个故事里，王力就低估了自己的适应性，觉得离开前女友就再也不会有幸福了；不料，一段时间之后，他就适应了自己的生活。那么，什么是适应性呢？

适应性是指人们对外界环境的反应随着时间的流逝而减弱的现象。人们会对一些突然的刺激或变化感到意外，但是逐渐地，人们便适应了这种刺激或变化，可是人们自己常常错误地估计自己的适应能力，高估了某些事情对自己造成的影响，这就是适应性偏见。

美好的东西固然会给我们带来甜蜜和幸福，但这种幸福感和欢乐往往并不如想象中那样持久。

陆兵是个彩迷，一直都坚持购买彩票。他不止一次地憧憬，自己要是中了 500 万元该有多么幸福啊！这一辈子都不愁吃穿了，自己会过着美满快乐的生活。有一天，幸运之神眷顾了他，

超 级 心 理 学

他买的彩票真的中了500万元大奖。他首先辞去了又苦又累的工作。在房价攀升的形势下，陆兵终于实现了自己的住房梦，幸福地买了一套三室两厅，并决心把房子装修成最舒适、最现代的家。于是，陆兵购买了名贵的大理石地板、豪华的红木家具及高档的家用电器，为此花费了很多金钱和精力。刚搬进新家的时候，陆兵环顾着宽敞明亮的豪华新居，觉得非常快乐和满足，以为自己一生都会沉浸在快乐之中。朋友来做客时的艳羡，更让他感到自豪。但一年之后，陆兵对自己的新居已经习以为常，再也没有当初那种发自内心的喜悦了。有时候，无所事事的他，反而感到一阵空虚。

是的，陆兵有了500万元，有了梦寐以求的豪华房屋，他原本以为自己会一直快乐。但事实上，这种快乐并没有延续太久。陆兵的行为就是很典型的适应性偏见。有时候，我们常常高估了一些事情给自己带来的幸福感。

另一方面，我们也会低估自己适应逆境的能力，因而会产生逃避的心理，甚至在不该放弃的时候放弃。

小玉高考的时候，报的第一志愿是北京大学的新闻系，她一直梦想着做个记者，成为"无冕之王"。不料，阴差阳错，她收到的是医学院的录取通知书。当时，她非常苦恼地说："我最怕血了，看到血就犯晕。我胆子又小，让我去给别人开刀动手术，这怎么可能呢？"她本想换个专业，可是运作起来相当困难，无奈之下，只得去了医学院。十年后，小玉已经是一家大医院业务最好的外科主治医师了。回忆起当初入学前的烦恼，她还觉得很好笑，说自己进了医学院后，对那些血啊、手术刀啊什么的就逐

· 200 ·

渐习以为常、见怪不怪了。通过四年的学习，她觉得自己还真有做医生的天分，"不过，我当初是真没有想到，自己能适应医生这个职业"。

或许连你自己都想不到，你适应环境的能力究竟有多强。生活中，像小玉这样低估自己适应性的例子比比皆是。

"投射效应"理论

　　苏轼号"东坡居士"，是北宋著名文学家、书画家、词人、诗人、美食家，唐宋八大家之一，豪放派词人的代表，是中国数千年历史上被公认文学艺术造诣最杰出的大家之一。他年轻时才华横溢，唯独有些自傲。

　　一次，苏东坡去拜访好友佛印大师，喝茶之后，两人面对面参禅打坐。在打坐的时候，苏东坡其实有些心不在焉，他时不时地眯着眼睛去偷看佛印。他以为佛印闭着眼睛什么都不知道，没想到打坐了一段时间后，佛印就问他说："你眼中看到了什么？"

　　在苏东坡的眼里，佛印大师长得又黑又矮又胖，真是难看极了，于是他对佛印说："大师，我仿佛看到了一堆狗屎。我想知道，你又看到了什么呢？"大师心平气和地说道："我仿佛看到了如来本体。"

　　苏东坡内心窃喜，暗自想：这佛印可真够傻的，我把他说成狗屎，可他还说我像如来。他回到家高兴地把事情的经过告诉了他的妹妹苏小妹。原以为小妹会夸赞他一番，没想到小妹却把他狠狠地奚落了一番。她对仍在洋洋自得的哥哥说："佛家说'佛心自观'，你看别人是什么，就表示你看自己是什么；你心里想到的是什么，你看到的就是什么。你说佛印大师是狗屎，其实你自己就是狗屎；佛印看到你是如来本体，其实他自己就是如来本体！"

苏东坡这才恍然大悟，感觉非常惭愧。

这个故事很多人都知道，人们往往会从一些为人处世的角度去考虑问题。但是，你知道吗？其实这里边还有一个心理学原理，那就是心理学的投射效应。

很多时候，我们会不知不觉地拿自己去衡量别人，以为别人和我们一样。而且心理学研究也发现，人们在日常生活中，常常会不由自主地把自己的心理特征，比如好恶、观念、情绪等归属到别人身上，认为别人和自己具有同样的心理特征。如自己喜欢说谎，就认为别人也在骗自己；自己认为自己很漂亮，就认为别人也都认为自己很有魅力。"以小人之心度君子之腹"就是一种典型的投射效应。

投射效应是指以己度人，认为自己具有某种特性，他人也一定会有与自己相同的特性，把自己的感情、意志、特性投射到他人身上并强加于人的一种认知障碍。在心理学上非常著名的罗夏墨迹测验就是为了验证这个心理学效应。

这个实验是由瑞士精神科医生、精神病学家罗夏实行的，被称为罗夏测验、罗夏测试或罗沙克测验等。又因为罗夏测验利用墨渍图版而又被称为墨渍图测验，该实验已经被世界各国广泛使用。

这个测验是最著名的投射法人格测验，实验过程是这样的：

让被试者通过一定的媒介，建立起自己的想象世界，在无限自由的情景中，显露出其个性特征。这个媒介，可以是一些没有

超 级 心 理 学

规则的线条，也可以是一些有意义的图片，还可以是一些有头没尾的句子，还可以是一个故事的开头。

因为这些画面是不确定的，结局自然也是不相同的，一个人的说明只能来自他的想象。通过他们的回答和反应，就能够判断其人格与人生态度。

这个方法的最大优点在于主试者的意图目的是隐藏起来的，这样一来，外界条件就比较客观，从而使测试的结果比较真实、客观，也会较深入地了解被试者的心理活动。这个实验常常被用来招聘高层次的管理人员。

那么在实际生活和工作中，这种投射效应一般会在什么情况下出现呢？

一是在对方的年龄、职业、身份、社会地位等与自己相同的时候。物以类聚，人以群分，人们总是相信，和自己同一群体的人具有某些共同的特征。因此，在认识和评价与自己同属一个群体的人的时候，往往不能够客观公正地分析判断。而且，人们还常常会根据自己的观察去看待对方，这样就难免把自己的特性投射到别人身上。

另外，人们还喜欢评价与自己有相同特征的人，并会习惯性地与这些人进行比较。为了不在比较中落败，以免自己处于不利之地，人们就会利用投射效应来保护自己，把自己的缺点投射到别人身上。这样，人们就会在心理上获得一种安慰。

二是人们发现自己存在一些不好的特征时。此时人们不能接受这些缺陷，就会将其投射到别人身上，寻求一种心理平衡。而在比较对象的选择上，人们更喜欢投射到自己尊敬的人或者比自己强的人身上。人们很可能会这样想：比自己强的人身上尚且存在着这些缺陷，更何况是我呢？如此就会减少内心的不安。

出于这样的心理特点，我们每个人身上都不可避免地存在一些投射效应。我们在认识和评价别人的时候，往往会不由自主地以自己的想法去推测别人的想法。这也是投射效应的体现，也是"以小人之心度君子之腹"的心理学依据。

那么我们在实际的生活和工作中要如何面对这个心理学现象呢？

首先，我们要承认人与人之间存在的一定的共同性。物以类聚，人以群分，很多情况下人与人之间的确存在一些相同的欲望和要求。所以，我们对别人做出的推测很可能就是正确的。当然，推测毕竟是推测，推测就会有出错的时候，我们一定要把握好这个度。

其次，为了避免错误地把自己的想法和意愿投射到别人身上，还要学会客观真实地看待自己和周围的人。很多时候，人与人之间都存在共性，也都具有独立的个性。如果投射效应倾向过于严重，总喜欢以己度人，那么我们既无法真正了解别人，也无法真正了解自己。总之，一句话：不要以为别人都和你一样！

"自我实现预言"理论

　　每逢聚会，或者即将毕业，或者其他任何值得纪念的日子，我们总喜欢摄影，用照相机将那些值得留念的时刻抓拍下来。那些照片成为我们记忆的一个港口，等到岁月流过，回首往事时一切便显得或怅然若失或悠然美好。不过不知你是否注意到，当你与别人分享你们聚会的照片时，通常会听到有人说"我怎么一点儿也不上相"，或许这么想的就是你自己。

　　这句话表面上听起来好像非常谦虚，但是实际上则不然。如果仔细体味一下，你就会发现，这其实是人们过于自信的表现。这句话的潜台词就是，摄影师把我照丑了，我的美丽照片根本没有体现出来。当然，除了那些顶级摄影师会采用各种条件替你抹掉你不喜欢的那部分之外，大多数普通摄影都会如实反映你的外貌，因此照片上的人基本上跟现实生活中的一样。当你看到照片上的自己惊呼"我怎么一点儿都不上相"的时候，其实是你不知道自己的真实长相，在你心里你长得要比实际上漂亮一些。其实大多数人都会这么认为，人们的心理有一种特征就是保持某种乐观。这种东西常常会感染别人，这也是自信的一个好处，因为人们愿意跟乐观的人在一起。

　　心理学家们还发现，这种乐观情绪即自信往往会产生"自我实现预言"。如果你自信，那么就会产生一种积极的心理暗示，然后你做事情就更容易达到目标。但是如果你不自信，那么就会导致恶性循环，然后就变得更加不自信。同样，如果你是一个领导，并且对你的下属充满期待，对他们的能力表示相信，那么他们通常也不会让你失望；而如果你常常表现出对他们工作能力的不信任，那么下属也会在战战兢兢中感到越来越自卑。

我们都知道自信对一个人是十分重要的。现代企业招聘员工的时候，一个自信的人往往比不自信的人更容易被选中。因为自信意味着对自己能力的相信，一个简单的逻辑就是："你自己都不相信自己，如何让别人相信你？"

而事实上，在一个群体中，自信的人也往往比不自信的人做得更好。当然做得好就会更自信，从而形成良性循环。再者，自信的人往往更容易相处，合作起来也就更简单、更开心。所以，大家都愿意接纳自信的人。

但是凡事都有两面性。正如上面所讲的那样，过度自信常常让我们干蠢事，造成意想不到的事故。一个自信到接近自大的人，往往会忽略很多细节，而有的时候往往是细节决定成败。这样一来，自信的人反而不容易把一件事情处理好。

因此，如何既让自己自信，又让自己避免疏忽，就成为很多人追求的境界。其实这并不难，我们只要把握一个原则即可，即戒骄戒躁，谦虚谨慎。成也自信，败也自信，只要在谦虚谨慎方面做到位，那么自信就可以给我们带来更多的好处。

心理学家斯文森曾经作过一份调查，他要求被调查人员对自己的驾驶水平作一个评价，结果90%的人认为自己的驾驶技术在平均水平以上，而很少有人说自己在平均水平以下。但是，所谓平均水平一说，必然存在这种现象，即一般人是高于平均线的，而实际上不可能存在90%的人高于平均线。这也就是说大家对自己的驾驶水平都比较自信。事实上，一个普遍存在的现象就是人们常常对自己的知识或者能力过于自信。

这种表现在生活中比比皆是。有研究人员分别问丈夫和妻子在日常生活中承担家务的比例，调查结果出来之后，研究人员发现丈夫和妻子认为自己做的家务百分比之和是130%，这是平均数。这个数据证明，至少有一方高估了自己承担家务的比例。实际上更详细的统计数据表明，双方都高估了自己承担家务的比例。同样，68%的民事诉讼律师也认为自己代理的一方会赢得诉讼，但是现实的情况是一定有50%的律师在诉讼中输掉。

这些都是正常心理，人们总会对自己保持自信。但是，对自己过于自信也会带来一些负面影响，商人们就常利用人们的这一心理。比如商家卖100元的东西，打出的折扣有两种：一种是直接便宜10元，也就是说你花90元就可以买到平时价值100元的东西；一种是原价销售，但是在你购买商品之后的3个月之内，你可以将相关凭证邮寄到公司，就可以得到20元，这20元以支票的形式返还。面对这两种折扣方式，一般人都会选择后者，因为显然后者的折扣更高一些。

商家为什么会打出这样两种折扣呢？其实这正是利用了人们对自己的行为过于自信这个心理弱点。现实的情况也证明了商家的精明。在两种折扣中，第二种方式看似商家吃亏，其实商家赚得更多。人们在买东西的时候，虽然想着要在3个月之内邮寄凭证，但是真正在 3 个月内将凭证邮寄回去的人并不多。因为大多数人在买东西的时候很自信自己会将凭证邮寄回去，不过很多人没过几天就把这件事情给忘记了。有数据显示，只有 7% 的人最后向商家邮寄了凭证。

同时需要注意的是，这里的期限也有一定的误导性。如果商家说 3 天之内可以邮寄凭证返还折扣的话，那么会有很多人去办理，因为 3 天时间太短了，大部分人都忘不掉。而 3 个月的时间相对漫长，人们总会认为以后再做也不迟，就这样时间一天天过去，到最后就彻底忘记了。

再比如，一些美容院每年总会搞一些大型促销活动，活动的内容除了免费试妆之外，还有一些消费月卡和年卡。免费的吸引力常常让那些爱占便宜的人在几秒钟内深陷其中。而美容院的产品又会引发人们的依赖性，于是免费一次之后，可能面临的就是掏钱做第二次、第三次……然后人们开始掏出大把的钱消费。

除了免费这一策略之外，人们通常也经受不住年卡和月卡的诱惑。因为如果按照单价来算，一次消费的费用要明显高于年卡和月卡的平均费用，而且年卡与月卡相比平均价格更低，那么显然有能力支付美容费用的人更愿意选择年卡。但是，这是不是意味着美容院办年卡会比不办年卡的时候少赚很多钱啊？其实不是这样的。

很多去美容院的客户在办理年卡的时候，都会选择最经济最划算的消费方式，这是极为普遍的心理。但是这些人也往往对自己的计划过于自信，因为她们在办年卡或月卡的时候，首先有一个前提就是她们认为自己会按照约定来做美容。但是事实上并不是这样的。办理了年卡的顾客通常会在以后的日子里因为种种理由而无法来做美容，有的甚至忘得一干二净。这样一来，美容院仅仅做很少的工作就收到了很多的钱。而那些不能按时美容的顾客则白白交上了自己辛苦赚来的钱，等到事后还埋怨自己没有去成，她们无论如何都不会想到其实这是美容院老板设计的局。

自信有积极的一面，也有消极的一面。这并不是说自信不好，而是说凡事过犹不及，太自信了反而弄巧成拙。自信就像谦虚，恰如其分的谦虚让人感觉舒服，而故作姿态或者是过分的谦虚，则会让人有不舒服的感觉。比如你跟一个大师级的作家对话，你称赞他说"你的作品真棒，写得真好"，结果他很谦虚地来了一句"不，还是你的好，我的比不上你的"，你一定会感觉很奇怪，而且会觉得他好像在说反话。所以凡事要适度。过度自信有的时候是我们意识不到的，所以我们不可能直接把过度自信转化为一般自信。

一个比较好的办法就是凡事考虑周全，要知道智者千虑必有一失。有的时候这一失，就满盘皆输。明白了这个重要性，你便要谨慎检查你做的每一步，这样会更容易做到万无一失。世界上没有卖后悔药的，所以从一开始你就应该养成谨慎的习惯。

"约拿情结"理论

西方著名的心理学家马斯洛曾经问过他的学生们这样一个问题："在这个班上，你们之中，谁希望写出美国最伟大的小说？谁将成为伟大的领导者？"学生们都没有说话，有的在笑，有的红着脸。"那谁渴望成为一个圣人？"学生依然是同样的反应，有些人似乎还在偷笑，可能觉得这个问题太荒诞了。

马斯洛接着说道："好了，我们换个稍微现实一点的问题，那你们有谁觉得自己可以写一本伟大的心理学著作？"学生们开始变得活跃起来，只是大部分依然在结结巴巴地搪塞。马斯洛又问道："你们来上我的课，难道不想成为心理学家吗？"有个学生回答说："这是当然的啊，我们来的目的就是想成为像您这样的心理学家。"马斯洛说："哦，是这样啊，那你们是想成为一位沉默寡言、谨小慎微的心理学家吗？"这下，学生们都惭愧地低下了头。的确，他们也发现这样不可能实现心中的理想。

这个故事反映了一种人类行为中普遍存在的心理现象，那就是"约拿情结"。何谓"约拿情结"呢？即不是追求高级需求，追求卓越、崇高的自我实现，而是去逃避高级需求，逃避卓越、崇高的人类品行。

人们视天真纯情为幼稚可笑，视诚实为轻信，视坦率为无知，视慷慨为缺乏判断力，视工作中的热情为懦弱，视同情心为廉价和盲目。这种情结会阻碍生命成长和自我实现，马斯洛称之为约拿情结。为什么这种情结被称为约拿情结呢？还要从《圣经》说起。

约拿是《圣经》中的一个虔诚的基督徒，他一直渴望得到神的差遣。他每一天都在虔诚地祷告，终于感动了神，于是神给了他一项光荣的任务，让他代替自己去宣布赦免一座本来要被罪行毁灭的城市——尼尼微城。

可对于约拿来说，他根本就不愿意去执行这个任务。因为他要宣布赦免的尼尼微城是毁灭他家族的死敌。约拿无法说服自己的内心，于是他逃跑了，他四处奔走，不断躲避着他信仰的神。神为了挽救这个虔诚的信徒，动用了各种力量去寻找他、唤醒他，甚至为了让他悔改还让一条大鱼吞了他。

当然，约拿经过反复地考虑，最后终于悔改，完成了他的使命。后来，人们就以"约拿"指代那些渴望成长却又因为某些内在阻碍（比如仇恨）而害怕成长的人。神让约拿到尼尼微城去宣布赦令，这本是一种崇高的使命，完成这个使命是无上的光荣，这自然是约拿所向往的。但当自己的理想即将成为现实时，约拿却有了一种畏惧心理，他很长时间内都在刻意地回避这即将到来的荣耀。心理学家们就把这种成功面前的畏惧心理称为约拿情结。

具体来说，约拿情结的基本特征可以分为两个方面：一方面表现在对自己；另一方面表现在对他人。

对自己，其特点是：逃避成长、执迷不悟、拒绝承担伟大的使命。简单地说，就是对成长的恐惧，对自身伟大之处的恐惧。这个特点来源于心理动力学理论上的一个假设，即人不仅害怕失败，也害怕成功。这种恐惧心理具体表现为一种情绪状态，这种情绪会让我们失去进取心，导致我们不敢去做自己能做得很好的事。

对他人，其特点是：如果别人表现出优秀之处自己会嫉妒；如果别人受到了祝福自己心里就会不舒服；如果别人倒霉了自己会幸灾乐祸。这种心态是非常危险的，这不仅会阻碍我们自己成功，更会影响到自己周围的人。

这种对他人的消极行为也可以称为一种内在冲突。有时候，我们可以清楚地知道，因为我们会充满爱憎。但大多数时候，它被潜抑在无意识里，比如怨恨心理。

约拿情结被心理学家们普遍认为是阻碍人们成长的内在原因。我们常常可以发现类似这样的情况，一个聪明的中学生，平时的成绩非常好，但在大型考试的关键时刻却突然病倒了，以致失去了参加考试的机会。当他参加工作以后，可能因为出色的能力，颇受领导赏识，但是将要升迁时，他却辞职了。为什么会出现这种情况呢？虽然这些事看起来是一种很偶然的行为，但心理学认为，其实这样的情况另有原因。

如果深入接触这个人的内心世界，我们就会发现，他的内心深处竟然埋藏着对父母未曾宣泄的怨恨。很可能是因为父母家教太严，让他产生了一种潜意识里报复父母的心态。于是，在求学、升迁的关键时刻，他下意识地毁掉了自己的前途。也许可以用一句话来表达他的潜意识："你们不是一直盼望我成功吗？我才不会让你们如意呢，我就是要让你们失望！"

除了这种内心深处的冲突，还有一种神经质的恐慌心态。尤其对一些大龄的未婚女性来说，她们的内心对于成功的恐惧有一种无意识的信念，那就是："如果我非常成功，变成一个特别优秀的女强人，那我可能就找不到一个适合我的男人，那我岂不是嫁不出去了？"这种恐慌心态直接阻碍了很多女孩子的成长和成功，因为对于她们来说，"实现自己"也就意味着"失去了爱"。大家都知道，爱的需求对于一个女人是多么的重要。于是，约拿情结就产生了。

心理学家认为，我们中大多数人在很小的时候，由于各种条件的限制和不成熟，我们的内心很容易产生"我不行"等比较消极的心理。再加上周围的环境不能给我们提供足够的安全感和机会，从而让我们失去一些很好的成长机会，那么这些念头就会一直沉积在我们的内心。当成功的机会降临时，约拿情结就会立刻跳出来，导致我们变得不敢去成功！

毫无疑问，我们大多数人内心都深藏着约拿情结，这种情结是我们平衡自己内心心理压力的一种表现。成功的机会在每个人的面前都是平等的，但为什么有些人会成功，另一些人会失败呢？那就是因为只有少数人敢于打破平衡，认识并克服自己的"约拿情结"，勇于承担责任和压力，最终抓住并获得了成功的机会。这也是为什么总是只有少数人成功，而大多数人却平庸一世的重要原因。

我们既然了解了约拿情结的危害性，那就要明白，千万不能让这种情结演化为"自毁情结"。在面对荣誉、成功和幸福等美好的事物时，我们不能总说自己"不配"，我们一定要抓住这些成功的机会，这样才能享受到人生的幸福！